# 抹殺された日本軍恤兵部《じゅっぺいぶ》の正体

——この組織は何をし、なぜ忘れ去られたのか？

押田信子
Nobuko Oshida

# はじめに

まず、恤兵とは何かを話そう。

〝恤兵〟は「じゅっぺい」と読む。広辞苑によれば、『（「恤《じゅっ》」は、めぐむの意）物品または金銭を寄贈して戦地の兵士を慰めること。』とある。しかし、この説明を読んでも、どうもいまひとつ、ピンとこない。第一、この見慣れない「恤」の字を読める人が何人くらいいるのだろうか。「りっしんべん」に「血」、何やら薄気味悪さが漂う。大方の人は、この字を前にすると、こんな感想を持つかもしれない。かつての私のように。

しかし、令和のいまだからこそ、見慣れない言葉だが、恤兵は日中戦争から太平洋戦争の頃には、流行語の如く使われていた事実がある。

この「恤兵」を指揮、管理した軍の組織を陸海軍恤兵部（海軍は恤兵係。但し、海軍慰問雑誌『戦線文庫』第六三号奥付によると、昭和一九年一月あたりから、海軍省恤兵部となっている）といった。恤兵部は明治二七年七月、日清戦争開戦と同時に開設され、「戦地と銃後を結ぶ絆」をキャッチフレーズに、国民から兵士慰問のための恤兵献金品を募集し、戦地に娯楽・嗜好品《しこうひん》を送ったり、文化人、芸能人による慰問部隊を派遣するなど、戦争を後方で支え続けた。

国民は抑えきれない「熱情」から、恤兵部の窓口に金品を持って押しかけ、当時の主要な情報源であった新聞は連日、人々による赤誠《せきせい》（ひたすら真心をもって接する心）のドラマを報じた。

いわく、「怒濤《どとう》の如くうずたかく積まれた恤兵金」

「恤兵部、慰問袋の山を前に大忙し」

メディアの報道に刺激され、老人も、子供も、社会の上層に位置する人々から、下層に生きる人々にまで、恤兵の輪は広がっていった。いや、むしろ、恤兵を支えたのは、名もなき、貧しい者たちの群であった。

戦争の激化に伴い、恤兵部は増員が行われて肥大化するが、終戦とともに業務は停止し、莫大《ばくだい》な恤兵金は一時ＧＨＱにより使用が止められた。

このように戦時下、国民と近い距離にいた恤兵部だが、現在、その名はほとんど知られていない。実際、近現代史研究家、軍事史研究家らの間でも認知が少なく、「恤兵」「恤兵部」が単独で研究の俎上《そじょう》に載った事例は筆者の知る限りではない。

恤兵がいまや、死語となったように、恤兵部も戦争の闇と消えたのか。

筆者はこれまで国会図書館にも所蔵がない、戦地に向けて作られた恤兵部発行、編集の慰問雑誌、『恤兵』（昭和七年九月創刊　陸軍恤兵部発行）、『陣中倶樂部《くらぶ》』（昭和一四年五月創刊　陸軍恤兵部発行　大日本雄辯會講談社《だいにっぽんゆうべんかい》編集）、『戰線文庫《せんせん》』（昭和一三年九月創刊海軍恤兵部監修　興亜日本社発行）を資料として用い、そのなかで恤兵部の成り立ち、組織の輪郭、戦争への関与、国民の恤兵金、恤兵品の供出の様子等を検討してきた。

また、今回の執筆にあたり、防衛省防衛研究所資料から、終戦後の恤兵部の解体、恤兵金の戦後処理等を調査し新たな知見を得ることができた。

これらの資料を用い、本書は誰も知らない、しかし、その存在を無視してはあの戦争を語れない、兵士と国民に最も近い距離にいた陸海軍恤兵部について誕生から解体までを追ったものである。

恤兵部は国民の熱から生まれたもので、熱を支え加速化させていったのは、愛国心、いや、それ以上に、国民の出征兵士に寄せる情である。一家を支える太い柱であった夫、成長が楽しみだった息子、甥《おい》、従弟《いとこ》、そして、共に夢を語り合った友らへのたぎる愛情と憐《れん》憫《びん》である。胸の中心にある一番弱く、柔らかな感情を恤兵は直撃した。手段として、「一般大衆」が歓喜し、欲望し、陶酔する文化、娯楽が使われた。例えば恤兵映画、例えば恤兵漫画展、例えば恤兵歌謡、例えば恤兵講演会……。会場には、消費の楼閣《ろうかく》であるデパート、乙女の夢の殿堂である宝塚等が使われ、著名な文化人、人気者の芸能人、可愛いアイドルが舞台に上がり人々の心に訴えかけた。みんなの情は恤兵金や慰問袋《いもんぶくろ》（出征軍人などを慰問するために手紙や日用品、娯楽品などを入れた袋）に姿を変え、戦地へ送られていった。気づけば、「一般大衆」は自発的に戦争を支援する側に回っていた。

これは極めて重い事実だが、大衆ポピュリズムが一部過熱化している現代において、恤兵部の過ちは検討してしすぎるものではないと考える。

なぜ恤兵がこれまで世に出てこなかったのか。

その理由は恤兵誌とも呼ばれた慰問雑誌三誌が戦後、国会図書館にも所蔵されず、『陣中倶樂部』は旧大日本雄辯會講談社である講談社に、『戰線文庫』は旧興亜日本社である日本出版社に、貴重書扱いで所蔵されていたことが一因だろう。

つまり、一般の目に届かない場所に置かれ、長く冬眠していたのである。

「いた」と書いたのは、現在、『戰線文庫』は、平成二七年、日本出版社社主の矢崎泰夫《やざきやすお》氏のご厚意により横浜市立大学学術情報センターに寄贈され、一般に閲覧《えつらん》が可能になっているからだ。

ちなみに、慰問雑誌の嚆矢《こうし》と目される『恤兵』創刊号は文芸評論家・尾崎秀樹《おざきほつき》氏の逝去後、神奈川近代文学館に寄贈されたが、こちらも冬眠状態で、平成二八年筆者が同館で発見し、存在が明るみに出たものである。神奈川近代文学館ではこの『恤兵』創刊号のほか、『陣中倶樂部』『戰線文庫』の一部が所蔵されていて、閲覧が可能である。

国民の恤兵金を原資にした、慰問雑誌三誌はまさに恤兵＝兵士慰問のために生まれた月刊誌である。開けば、「恤兵」の言葉が頻出《ひんしゅつ》し、恤兵部の旗の下に集まった作家の文章、挿絵《さしえ》画家の絵、芸能人の慰問文が現れる。しかし、何よりの目玉は毎月掲載される「銃《じゅう》後《ご》の赤誠」（『陣中倶樂部』）と題した、文字通り銃後の人々が恤兵金、慰問袋作りに勤《いそ》しむ「天晴《あっぱ》れな」、いまから見れば、悲愴《ひそう》な姿の描写である。

本書はこれらの慰問雑誌と、恤兵関連記事が最も多い『東京朝日新聞（以下『朝日新聞』）』『讀賣新聞』『毎日新聞』の記述をメインに、そこから浮かび上がる恤兵のリアルを伝えていこうと思う。新聞や雑誌などのメディアが恤兵の発展、拡大に果たした役割も追っていこう。

「恤兵」をいま、この時代に長い微睡《びすい》から覚まし、戦争との関係を明らかにすることは、そこから出てくる、警鐘《けいしょう》や忠告に耳を傾けることになるだろう。また、そうありたいと筆を進めていく。

さぁ、「恤兵の時代」ともいえるあの頃に時計の針を巻き戻してみよう。

## 貨幣価値について

本書では、恤兵金等の金額がよく出てくるため、当時の貨幣価値の目安を示しておきたい。ただし、日本銀行でも物やサービスの種類によって、価格の上昇率がまちまちであるため、お金の価値を単純に比較することはなかなか困難だといっている。そこで、白米、新聞購読料、小学校教員の初任給の額を表にしてみた。その価格から当時の恤兵金がどのくらいの貨幣価値があったのかを推測してほしい。つまり、日露戦争が起きた明治三七年

図①　貨幣価値の比較

白米　平成31年　10kg　約4500円

| 年 | 金額 | 現在との比較 |
|---|---|---|
| 明治28年 | 79銭６厘 | 5653 |
| 明治38年 | １円17銭７厘 | 3823 |
| 昭和６年 | １円54銭３厘 | 2916 |
| 昭和12年 | ２円76銭 | 1630 |
| 昭和16年 | ３円32銭１厘 | 1355 |
| 昭和19年 | ３円57銭１厘 | 1260 |

新聞購読料　平成31年『朝日新聞』1か月　朝夕刊　4037円　朝刊のみ3093円

| 年 | 金額 | 現在との比較 |
|---|---|---|
| 明治24年 | 28銭 | 11046 |
| 明治39年 | 45銭 | 6873 |
| 昭和５年 | 90銭 | 4486 |
| 昭和16年 | １円20銭 | 3364 |
| 昭和19年 | １円30銭 | 3105 |

※大正４年10月～昭和19年３月は朝夕刊を発行。それ以外は朝刊のみ。

小学校教員の初任給　平成31年　東京都　２級９号　19万7300円

| 年 | 金額 | 現在との比較 |
|---|---|---|
| 明治30年 | 8円 | 2万4633 |
| 明治37年 | 10～13円 | １万9730～１万5177 |
| 昭和８年 | 45～55円 | 4384～3587 |
| 昭和16年 | 50～60円 | 3946～3288 |
| 昭和21年 | 300～500円 | 657～394 |

参考資料：森永卓郎監修『明治・大正・昭和・平成　物価の文化史事典』展望社、週刊朝日編『値段の明治大正昭和風俗史』朝日新聞出版、週刊朝日編『続・値段の明治大正昭和風俗史』朝日新聞出版

〜三八年当時の一〇〇円をそれぞれ貨幣価値で比較すると、白米で約三八万円、新聞で約六八万円（明治三九年基準）、小学校教員の初任給で約一五〇〜一九〇万円の価値があり、また、昭和一九年の一億円は、白米で約一二六〇億円、新聞で約三一〇五億円、小学校教員の初任給（昭和一六年基準）で約三二八八〜三九四六億円の価値があったことになる。

●本文中の歴史的な記述は『昭和二万日の全記録』全一九巻（講談社）に拠った。

●引用にあたっては読みやすさを優先し、旧漢字は新字体に、旧仮名遣いは新仮名遣いのほうが好ましい場合は改めた。また、必要に応じてルビ、句読点を付与した。

●参考引用文献についての詳細ページ数は割愛した。

●参考引用文献の一部不適切と思われる表現については資料価値の観点から原文のまま記載した。

# 抹殺された日本軍恤兵部の正体＊目次

目次

# 第一章　恤兵部の誕生

## （日清戦争〜日露戦争）

## 軍歌「雪の進軍」と恤兵

大正五年一二月一〇日、陸軍大山巖《おおやまいわお》元帥は、死の床にいた。混濁した意識のなかで声をふり絞り、妻の捨松《すてまつ》に、枕元の蓄音機の音を上げてくれるように頼んだ。大山の意をくみ取った捨松は静かにうなずき、蓄音機に近づくと、音量を最大にした。レコードからその場の悲痛な雰囲気にはそぐわない、軍歌「雪の進軍」の軽快なメロディが流れてきた。

雪の進軍

作詞／永井建子《ながいけんし》

作曲／永井建子

一　雪の進軍　氷を踏んで
どれが河やら　道さえ知れず
馬は斃《たお》れる　捨てても置けず
此処《ここ》は何処《いずこ》ぞ　皆敵の国

ままよ大胆　一服やれば
頼み少なや　煙草が二本

二
焼かぬ乾魚《ひもの》に半煮え飯に
なまじ命のある其《そ》のうちは
堪《こら》え切れない　寒さの焚火《たきび》
烟《けむ》いはずだよ　生木が燻《いぶ》る
渋い顔して　功名談《ばなし》
「酸《す》い」と言うのは　梅干しひとつ

三
着のみ着のまま　気楽な臥所《ふしど》
背嚢《はいのう》枕に　外套《がいとう》かぶりゃ
背《せな》の温《ぬく》みで　雪解けかかる
夜具の黍殻《きびがら》　しっぽり濡れて
結びかねたる　露営の夢を
月は冷たく　顔覗《のぞ》き込む

四
命捧げて　出て来た身故《ゆえ》

死ぬる覚悟で　吶喊《とっかん》すれど
武運拙《ぶうんつたな》く　討死《うちじ》にせねば
義理にかられた　恤兵真綿
そろりそろりと　頸《くび》しめかかる
どうせ生かして　還《かえ》さぬつもり

大山の臨終《りんじゅう》の報《しらせ》を聞きつけて、枕元には明治政府の重鎮・山縣有朋《やまがたありとも》、陸軍大将・川村景明《かわむらかげあき》、寺内正毅《てらうちまさたけ》、黒木為楨《くろきためもと》らが並んでいる。彼らには大山がこの歌に特別な思い入れがあることを知っていた。とくに、四番の「義理にかられた　恤兵真綿　そろりそろりと　頸しめかかる　どうせ生かして　還さぬつもり」の一節が今際《いまわ》のきわまでも、彼の心を捉えて離さないことを。

どうせ生かして還さぬつもり……。

それほどに、明治二七年夏から翌年春まで八か月続いた、朝鮮をめぐる日本と清と戦いは、熾烈《しれつ》を極めて、動員総兵力二四万人余、戦没者一万三四八八名、うち病死者一万一八九四名を数えた。病に倒れた者の多くは占領地や凱旋《がいせん》の途中で亡くなった。清、朝鮮の不衛生な環境が彼らを早すぎる死へと追いやったとの見方もある。

日本は日清戦争を契機に世界列国の仲間入りを果たしたが、栄光の陰には多くの名もなき兵士の犠牲があった。それを知っているのは、軍を率いた大山自身である。両瞼《りょうまぶた》からふいに涙の雫《しずく》が一筋流れ落ちた。やがて、最後の歌詞を聞くか聞かないうちに、日清、日露とふたつの戦争を生き抜いた男は、波乱に満ちた七四年の生涯を閉じた。

大山巌が愛唱していたといわれる、軍歌「雪の進軍」は、日清戦争に陸軍軍楽隊次長として、山東半島の威海衛《いかいえい》作戦に従軍した、永井建子が作詞作曲したものである。自らの厳しい軍隊体験をベースに、豪雪のなかを黙々と進む兵士たちの心象をリアリティのある言葉で表現したものとされる。

当時の軍歌には少ない口語体を使っているので、親しみやすい半面、切羽《せっぱ》詰まった兵士の気持ちが痛いほど伝わる歌詞となっている。

ところで、四番の歌詞にある「恤兵真綿」とは、慰問品すなわち当時の言葉でいえば、恤兵品として兵士に送られた防寒用の真綿のことである。

「真綿で首を絞める」ということわざがあるが、このフレーズを使い、「真綿」の上に

「恤兵」の語を付け、郷里から送られた善意の恤兵品ですら、慰みにもならない、かえって、苦しめるだけだと嘆く、兵士の本音を詞にしていると思われる。

陸軍音楽隊の後輩、山口常光《やまぐちつねみつ》に言わせれば、永井は才気煥発《さいきかんぱつ》、奔放不羈《ほんぽうふき》、異色の進歩的文化人といわれた評判の人物だった。知性派らしく、当然、詞もひねりが効いている。三番の歌詞「酸い（すい）」は「（すっぱい）梅干しひとつ」につながり、「粋（すい、いき）」にも引っ掛けている。「恤兵真綿」といい、「梅干し」といい、永井の国家、軍隊への辛辣《しんらつ》な皮肉がうかがえるのである。

ちなみに、「梅干し」も慰問袋に必ずというほど入れた典型的な恤兵品である。当時の慰問袋の中身の順位を見てみると、煙草（巻き煙草、刻み煙草）は断トツ一位、ついで草鞋《わらじ》、手拭いと続き、梅干しは四位についている。

悲しいまでに、戦うものの気持ちが織り込まれた「雪の進軍」だが、日中戦争が起こった後は、「どうせ生かして還さぬつもり」は「どうせ生きては還らぬつもり」という、兵士

**図②　日清戦争の恤兵品で多かったもの**

| | |
|---|---|
| 巻き煙草 | 47万4700本 |
| 刻み煙草 | 15匁《もんめ》包み5500個 |
| 草鞋 | 5万1040足 |
| 手拭い | 3万6450筋と300反《たん》 |
| 梅干し | 31樽と3石 |

『讀賣新聞』明治27年8月3日発表
7月17日〜8月2日

の意志を押し出すような詞に変えられ、太平洋戦争時には、「士気を削《そ》ぐ」との理由で歌唱禁止歌になった。戦争が進むにつれ、銃後支援を強引に進めていた軍にとって、マイナスイメージを起こさせる詞は排除の対象だったのである。

余談だが、現在、若者に人気のアニメ『ガールズ＆パンツァー』には「雪の進軍」が挿入歌として使われている。大山が愛好した歌が平成の世に蘇《よみがえ》り、人気のアニメソングになって歌われるとは、彼はどんな思いを抱くだろうか。『ガールズ＆パンツァー』では「どうせ生きては還らぬつもり」と主人公の女子高生たちが機関銃を肩に行進しながら、無邪気に歌っている。

## 大山巌が発令した恤兵

さて、大山が「雪の進軍」を死の床までも、引きずっていたのには、訳がある。日清戦争が始まる直前の明治二七年七月一七日、彼は陸軍省に恤兵部を初めて開設する告示を発令しているのだ。

陸軍省告示第八号　朝第三三一号　軍務

陸軍省ニ恤兵部ヲ置キ恤兵ヲ主旨トスル
諸社団隊 并《ならび》ニ寄贈ノ軍需品及献金等ニ
関スル事務ヲ取扱ハシム其献金及寄贈品
ノ取扱手続左ノ通定ム
明治二十七年七月十七日　陸軍大臣伯爵
大山　巌

大山の恤兵部設置宣言文に続き、陸軍省告知には左記の如く、恤兵金、寄贈品などの取り扱い手続きが簡潔に記されている。

寄贈品取扱手続
一　寄贈品ハ一己人タルト数人連合又ハ
会社等ノ名義タルトハ寄贈者ノ随意トス

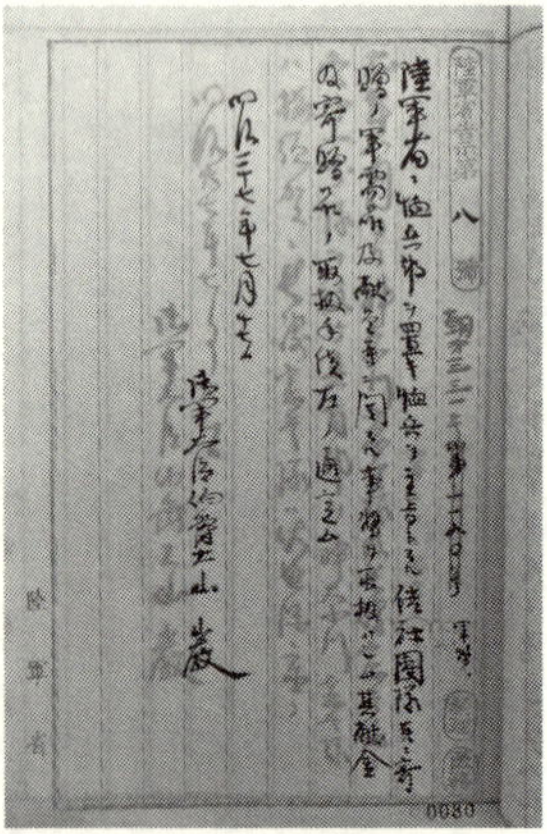

写真①　陸軍省告示第八号 朝第三三一号

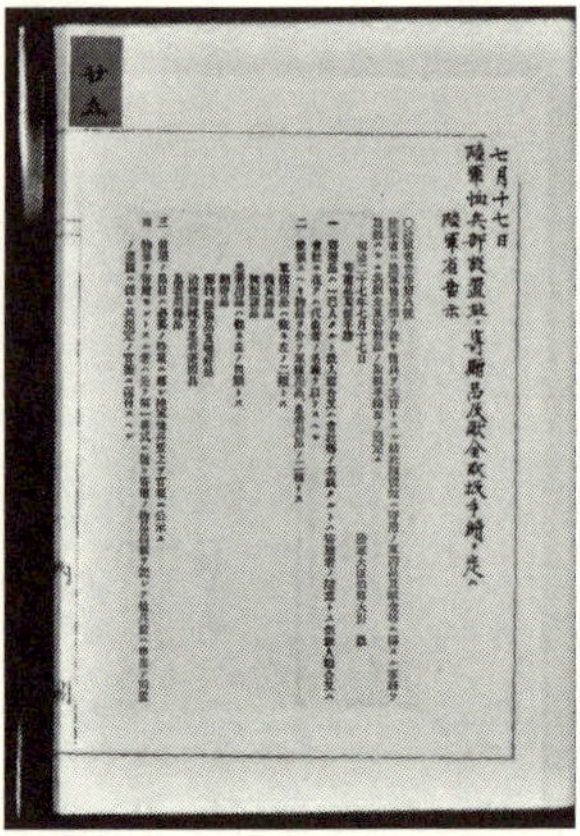

写真②　陸軍恤兵部設置竝ニ寄贈品及献金取扱手続

但《ただし》数人連合又ハ会社ニ在テハ代表者ノ名義ヲ以テスヘシ
二　受領スヘキ物品ヲ分テ軍隊用品、患者用品ノ二種トス
　軍隊用品ハ概ネ左ノ二類トス
　　糧食諸品
　　被服諸品
　患者用品ハ概ネ左ノ四類トス
　　繃帯品《ほうたい》
　　薬物、滋養品及嗜好品《しこうひん》
　　治療器械及患者運搬具
　　患者用雑品
三　前項ノ品目ハ必要ノ時期ニ応ジ陸軍恤兵監之ヲ官報ニ公示ス
四　物品ヲ寄贈セントスル者ハ先ツ第一書式ニ倣《なら》ヒ寄贈ノ物品員数ヲ記シテ恤兵監ニ申出テ同監ノ差●（引用者注：解読不能）ニ従ヒ共指定ノ官衙《かんが》ニ送付スヘシ
（以下、略）

大山巌が陸軍大将として指揮を執った日清戦争は、日本が政治力を強めていた朝鮮の支配権をめぐって、宗主権を主張する清との間で起こった初めての大規模な対外戦争である。

日清開戦に至るまで、日本と清との間は、朝鮮国内のクーデターを契機にくすぶり続けていたが、明治一八年、天津《てんしん》条約を結び、互いに朝鮮から退く取り決めをした。しかし、利益線としての朝鮮に固執した日本は、明治二七年七月一六日、イギリスと日英通商航海条約を結び、朝鮮王宮を占拠、親日政権を樹立させる。新政権に課したものは、清軍駆逐命令だった。二五日、日本軍は豊島《ほうとう》沖の清軍を急襲して戦争の火ぶたが切られ、朝鮮半島、遼東《りょうとう》半島、黄海《こうかい》を戦場として交戦し、戦闘は九か月に及んだ。日本は清軍を次々と撃破、圧倒的な勝利を収め、明治二八年四月一七日、清と日清講和条約（下関条約）を締結した。結果、遼東半島、澎湖《ほうこ》諸島、台湾と多額の賠償金を獲得したが、そのわずか六日後、ロシア、フランス、ドイツがこれを不服とし、日本に割譲された遼東半島を清に返還するよう勧告してきた。これが世にいう三国干渉だ。政府は「日本の領有は極東の平和を妨げる」とする列国の圧力に抵抗することができず、一一月、返還が行われた。多くの犠牲を払いながらも、国際的な立場の弱さから、みすみす戦果を破棄した日本。国民は政府が苦し紛れに言った「臥薪嘗胆《がしんしょうたん》」を苦々しく受け取った。人々の間には返還を主唱したロシアに対して、激しい憎しみが拡がっていった。

## 徴兵制度と恤兵

日清戦争は、民衆に兵役が課せられる徴兵制度によって戦争が行われた。徴兵制度は動員された兵ばかりでなく、実質、残された家族をも戦争に駆り出されるも同然の惨《むご》いものであった。ここで、徴兵制度と兵士と家族の慰恤《いじゅつ》に関係する恤兵について、簡単に説明しておく。

明治五年一一月二八日、明治政府は徴兵告諭《ちょうへいこくゆ》を出し、翌年、徴兵令を発布した。しかし、徴兵令は当初、多くの免役条項があり、明治九年には、免役率は八二パーセント（徴兵率一八パーセント）。紆余曲折《うよきょくせつ》を経て、徴兵制が実質化するのは明治二二年の改正徴兵令の施行によってである。

この徴兵令は昭和二年四月一日の兵役法まで日本の軍制の根幹となり、本令に依って徴集された兵により、日清戦争、日露戦争は勝利を得たのである。いわば、徴兵制度の威力を十分に発揮した戦いといえるだろう。

徴兵制施行によって、軍事に無縁の場所にいた、農民、漁民、商人、職人、官吏《かんり》だった二〇歳以上の男子は、予備役兵や後備兵として動員されていった。確かに、徴兵制は、大量の兵士を安価で確保するために有効だったが、他方、働き手を失った出征兵士留守家族はたちまち生活に窮《きゅう》した。

そのため、各地郡市町村には続々と、軍人への支援団体が結成された。例えば、軍人徴兵慰労会、兵談会、恤兵会、奉公議会等の名で団体が組織され、銃後の後援活動を行ったのである。活動の中身は軍人の歓迎、送迎、慰労、弔祭《ちょうさい》、招魂祭、遺族慰問が主だったが、兵士慰問に特化した恤兵会では、慰問金品の献納《けんのう》が行われた。

## 恤兵と新聞

明治以来、恤兵部と新聞は深く関わりあってきた。まず、恤兵部の設置は陸軍大将・大山巌が発令した告知よりもいち早く、『朝日新聞』が報じている。軍とのパイプの強さを感じさせる出来事である。恤兵部設置報道が発端となり、『朝日新聞』を代表とするメディアは以後、五〇年に及ぶ戦争の時代を通し、恤兵部の動態をフォローし、恤兵部に献金に向かった人々を記事に取り上げ、配信していった。

新聞の購読者は、日清戦争において増加の一途をたどっている。子供を戦地に送った家庭は、何とか戦争の情報を得ようと、競って新聞を購読した。戦果を挙げた日の号外は地方の寒村にまで配達され、銃後の購読者数は一気に上昇した。その成功紙が『朝日新聞』（明治一二年～）と『中央新聞』（明治二四年～昭和一五年）である。さらに東京と大阪の中央紙、有力紙の戦争報道戦略は、政府広報や通信社の通信に頼るだけでなく、自前の特派員を多数現地に派遣するまでになる。特派員たちが送ってきた情報は増頁になり、号外・特別号・付録と発展した。各新聞社は戦争に乗じて、激しい販売合戦を繰り広げていたのである。だが、特派員派遣は多額な経費が掛かるため経営を苦しめ、結果、資本のある会社のみが生き残り、部数を伸ばした。

主要新聞は戦争報道を一面で大きく扱い、恤兵部に押し寄せる人々のゴシップもどきのニュースは主に社会面の三面で報じる。だが、ときには一面に躍り出て、新聞は立体的に恤兵情報を扱い、結果的に国民の戦争熱を煽《あお》っていった。銃後の人々も新聞を通じて、戦争を体験し、従軍したのだった。

## 恤兵部に押し寄せる新橋、吉原の献金部隊

明治二七年七月二〇日、『讀賣新聞』に恤兵の問題点を指摘するひとつの記事が出る。兵士援護への国民の行動が鈍いと辛辣《しんらつ》な書き口である。はかばかしく動かない理由として掲げているのは、「献納手続きの煩《わずら》わしさ」と「上流人士が率先奨励の任に当たらない」ということだ。さらに「資産あるものは損財《そんざい》と躊躇《ちゅうちょ》することなく、愛国の志を持って、迅速《じんそく》に奮って義金を投じよ、恤兵の心ある者躊躇せず出よ」と檄《げき》を飛ばしている。

この強い訴えかけに、まもなく行動に移した意外な面子《めんつ》の一団がいた。

明治二七年八月一日、恤兵部を訪れる華やかな女性軍団の姿が『朝日新聞』の三面に描写される。女性軍団とは新橋、烏森《からすもり》、日本橋のお座敷に呼ばれて、歌舞音曲で唄って酒席を取り持つ芸者「唄い女《うため》」たちだ。身分制度の厳然と残っていた時代に、これらの下層に属する女たちがわいわいと列をなして献金にやってきたのである。

まず、新橋煉瓦《れんが》地の「唄い女」がいち早く恤兵献金を思い立ち、駆け付けた。それを聞いて向こう岸の烏森も黙っておられず、世話人の「蔦《つた》の家」「中春本」をはじめ、春本おいく、丸本お志ゆんら、その世界では名の知れた女性たちが恤兵部に詰めかけた。さらに

は、日本橋の唄い女総勢五二名も、「藤屋」「大阪屋」「柳家」の三人を総代にして、一〇〇円という金を集め、在韓兵士慰労のため、謹んで出願した。女たちを乗せて座敷まで運ぶ人力車の車夫も少ない給与から献金している。

このように、恤兵部への最初の大口献金者は思いもよらぬ、「唄い女」や「車夫」たちだった。さらに、この後も続く恤兵金の献金者の多くが、決して生活が満ち足りた人間たちではなく、寒村から有無を言わさず動員された兵士と同じ庶民たちだった。それは、恤兵部が低い層を相手とし、出発したことを意味している。身分も献金額も低い、そこが入り口だったのである。

続いて、遊郭で働く女も多く献金に訪れ、新聞は格好のネタとして、興味本位に報じた。

面白く、刺激的な話にすぐ飛びつくのはいつの世も変わりがない。献金の出願者はその後、増え続け、「国民の支援が少ない」などと憂いていたことが嘘《うそ》のような、恤兵献金品の洪水に、恤兵部員たちは嬉しい悲鳴を上げる騒ぎとなった。恤兵部は急遽《きゅうきょ》、部員が六名増員された。ここにきて、にわかに小さな所帯だった恤兵部にスポットが当たったのである。恤兵部の繁忙ぶりを興味本位に書き立てる新聞記事が二日に一回のペースで登場するようになる。

ついには、遊郭「よし原」の「唄い女」の世話人一〇名が二円二〇銭ずつ、一等二九名一円ずつ、二等七〇名一円ずつ、三等一八名五〇銭ずつ（著者注：等級の違いは吉原におけるクラスか）、そのほか四名一円ずつ、幇間《ほうかん》（別名：太鼓持ち）一六名一円ずつ、合計一五〇円を陸軍恤兵部に献納したのである。

烏森から始まった女性軍団の献金は吉原を先頭に、浅草公園、末広町、寿町等の浅草近辺の「唄い女」、さらには、富士見町、三番町等のお屋敷町の「唄い女」二〇名が金一〇円を恤兵部に届ける騒ぎに発展した。

烏森、日本橋の女性たちの天晴れな行動が後続の「唄い女」たちに大いに刺激になったことは想像に難くない。彼女たちは知識層が読む新聞を読まないまでも、仕事柄、客の口から出る噂《うわさ》には、敏感であったのだろう。

当時、高級将官は花街に行き、座敷に上がって戦友との友好を深めることが多かった。また、休暇を与えられた一般の兵隊たちが日頃のうっ憤を晴らすために、遊興の町に足を運び、外泊許可を得たものは遊郭で一夜を過ごすこともあったようだ。つまり、軍は花街ではお得意さんだったということだ。

ところで、吉原を代表とするこの時代の遊郭がどのような状態にあったか、簡単に触れたい。

明治五年一一月二日、明治政府は実質人身売買に当たる公娼制度の解消を図るため、「芸娼妓《げいしょうぎ》解放令」を発令したが、実質は全く機能せず、翌年、遊郭を貸座敷営業指定地にする「貸座敷渡世規制」を発布した。しかし、規制は少しも抑止力にはならず、これまでの遊郭のほかに、飯盛旅籠《はたご》屋、私娼街などが続々と生まれ、かえって拡大化し、賑《にぎ》わいを見せている。

東京では、二廓四宿《にかくししゅく》（新吉原、洲崎《すざき》弁天町の二廓と品川、内藤新宿、千住、板橋の四宿）が代表的なもので、なかでも、図③が示すように、新吉原と内藤新宿はほかと比べて圧倒的に兵士の数が多かった。大胆に推測すれば、これらの兵士と仲良くなった遊郭の女たち、その周辺にいた車夫たちが献金に訪れたといえなくもない。

**図③　各遊郭における遊客数**

| 名称 | 遊客数 | |
|---|---|---|
| | 軍人 | 一般人 |
| 新吉原 | 1万1857人 | 86万3493人 |
| 洲崎弁天町 | 1247人 | 38万9001人 |
| 品川 | 914人 | 20万8652人 |
| 内藤新宿 | 1万922人 | 20万5617人 |
| 千住 | 94人 | 12万4472人 |
| 板橋 | 756人 | 5万6104人 |
| 合計 | 2万5790人 | 186万7339人 |

『都新聞』明治26年5月9日より作成　（『近代民衆の記録　8兵士』大濱徹也　新人物往来社　昭和53年）

## 貧者の一燈

前述したように、日清戦争下で戦争のために献金する民は誕生した。「恤兵」という一粒の種がまかれて、大きく実り、成長する様を新聞は「国民の美挙」という括《くく》りで報道した。以後、日露、満州事変、太平洋戦争と、類似のパターンで恤兵が拡大化していく。

繰り返すが、恤兵を支えていたのは、社会の下層に属する一般庶民である。そして、その傾向は以後の時代でも同様である。日中戦争時には、新聞はほぼ一面を美挙報道に費やしたこともあった。貧しい者たちの「貧者の一燈」は別の献金者を生み、倍々に数が増えていった。「貧者の一燈」とは確かに言い得て妙ではあるが、この言葉を生み出した『朝日新聞』は大いに気に入ったと見えて、終戦まで、時代をまたいで、紙面の見出しに登場する。貧しい者が額に汗して少ないお金を貯めて献金するのは、富める者が数十万円を献金するより価値があると、褒《ほ》めたたえているのである。

ここに河内国石川郡赤阪村の中川伊三郎は同村の銅板製造場に日給十二銭にて雇わる身なるが討清詔勅の出るや之を拝読して涙を溢《こぼ》し千載の一隅などいうことはよく口に

いえども、今度の戦こそ実に我が国、未曾有《みぞう》の一大事、我々も安閑《あんかん》として打ち過ぐべきにあらずと、工場へ頼みて夜業をなしその労役賃を日日七銭ずつ積立て置き献金することとなせしが、すでに金三円となりしかば、村役場を経てその筋へ献金を願いでたしということ。（『朝日新聞』明治二七年一〇月五日）

「今度の戦こそ実に我が国、未曾有の一大事、我々も安閑として打ち過ぐべきにあらず」の言葉が打ち鳴らす警鐘、そして、「貧困」「低地位」「過重労働」……。第一に愛国心、次いで記事に現れる「貧者」への同感、同情が幾万の読者の心に食い込み、連鎖となって「我も我も」と恤兵への道を広げた。いまでいうところの同調圧力である。

同月一〇日には『讀賣新聞』も丁稚《でっち》たちが集まって、「銭厘の少分」を恤兵部へ献納しようと、「丁稚報国義会」を立ち上げたことを天晴れな行いとして、記事にした。

## 立ち上がる言論、実業家たち

明治二七年八月一日、『朝日新聞』は社説で「緊急の必要は出兵家族の救恤《きゅうじゅつ》なり」と見出しを立て、徴兵された兵士たちの家族に対する救恤の必要性を訴えた。日清戦争下、一家の働き手を失って家族が糊口《ここう》に窮する者が多い。「やむを得ざるのことなり」とはいえ、「同胞は決して黙視」はしない、富裕者はほかに働き手もいるが、そうではない者たちを救恤するのは、自治体、社交団体、新たに出来た寄り合いで「救恤の道を図る」ことが必要、急務であると述べている。

明治二七年八月には対外強硬派の大井憲太郎《おおいけんたろう》、大岡育造《おおおかいくぞう》ほか五名が神田で「恤兵義捐《ぎえん》大演説会」を開き、入金は合わせて赤十字に寄贈するという告知が出る。

この動きに反応したか、ついに、政治家や錚々《そうそう》たるメンバーが委員に名を連ねた「報国会」が立ち上がった。庶民たちの恤兵熱をただ黙認してもいられないと、政治家や実業家も動き始めたのである。「報国会」は、第二次伊藤内閣の内務大臣を務めた井上馨《いのうえかおる》を会長に、当時は日本銀行副総裁だった富田鐵之助《とみたてつのすけ》ら委員十数人が集まり、気炎を上げたものである。その結果、会には、金一〇銭以上を義捐する富裕層が会員として集まり、収益は在韓の陸海軍人の負傷者もしくは戦死者たちの遺族に贈ることになった。

また、別のお偉方が集まった「報国会」では三〇名の委員が決まり、救恤を目的に会を開いた。しかし、福沢諭吉《ふくざわゆきち》の起草した趣意書一八書、渋沢栄一《しぶさわえいいち》の起草した会規約書等は出来上がったものの、「次回の開期は未定なりと」という、重い腰をなかなか上げない有様だった。意気に感じたら、いてもたってもいられず、同情と義憤にかられ、即行動に移す「唄い女」たちとは大きく異なっていた。

一方、壮年男子を多く抱える日本鉄道会社では、出征社員家族に対して、救済措置を講じている。兵役中は、官の給料だけでは家族を養えないだろうと、給料の半額を支給し、家族を扶助するというものだ。残された家族の暮らしを支えることが、兵士を安心して戦地に向かわせる道ではあるが、これも結果的には戦争支援につながっていく。下層から上層へ、名もない個人から企業へ、多様に広がってきた恤兵の波。だが、別の視点からすれば、この時期、恤兵を通じて国民全体を戦争へ動員する、総動員体制の下地作りが出来上がってきたとも考えられる。恤兵が侮《あなど》れないのは、その点なのである。

## 腰の低い恤兵監、詐欺を働く恤兵部員

一般人が役人に対してお堅い、怖いイメージを抱きがちなのは、明治の人々も同じだったらしい。しかし、恤兵部の人間は少しイメージが違っていたようである。恤兵監（恤兵部の長）をはじめ、将官も丁寧に応対し、役人ぶることはなかったので、献金に来る人もみんな満足して帰っていったという。

恤兵監の腰の低さは、戦略的なものだったのだろうか。以後、軍部のなかでも最も敷居と腰の低い部署を売りに、業務が本格化する昭和になってからも、恤兵部はその姿勢を崩すことはなかった。新聞、慰問雑誌のなかでも恤兵監が献金者とにこやかに接している写真が数多く見られる。

一方、恤兵部員があろうことか、詐欺《さぎ》に加担する事件も発生する。

明治二七年一二月、東京日本橋区の金物商の女性が金七円を寄付したいと恤兵部に出願に行った。当時は、まず恤兵部など受付機関（警察、市町村役場等）に申し出をし、その後、金融機関に納付するシステムになっていた。同部から「出願の趣は了承した。ただし、本部より集金人を差し出すから、その者にお渡しください」と官印を押した文書が渡される。

翌々日、若い書生のような男がやってきて、

「私は陸軍恤兵部の部員で、献金領収のために来た」と言う。女性が金七円を渡したところ、前と同様の官印のある領収書を差し出したので、女性は何の疑念も持たなかった。近所の人に自慢げにこのことを話すと、「はて、それは少し不審ですね」と首をかしげる。

「陸軍恤兵部へ献金するには同部より通知次第、金融機関へその金を納付するはず。恤兵

部が受領に来るはずはない」と断言する。女性も不審に思い、恤兵部に行ったところ、応対に出た恤兵監は「決して当方より受取人など差し出さない、これは詐欺を働く曲者《くせもの》の所業《しわざ》ではないか」

警察が動き、捕まった犯人は、成人にも満たない一七歳の恤兵部員。四五歳の平民の男と共謀して犯行に及んだと自白した。

ふたりは女性から金を奪うや、牛肉店、吉原の貸座敷に登楼して散財し、残りの金は老母へ与え、結局全部使ってしまったらしい。後日、男は恤兵部に出勤したところを御用となった。

いまも聞かれるオレオレ詐欺事件ばりのドラマが恤兵フィーバーの裏側で起こっていたのである。

## 美挙国民像

ここにきて火が付いた国民の恤兵行為だが、『朝日新聞』では、「美挙」と冠が付けられ、八月中旬

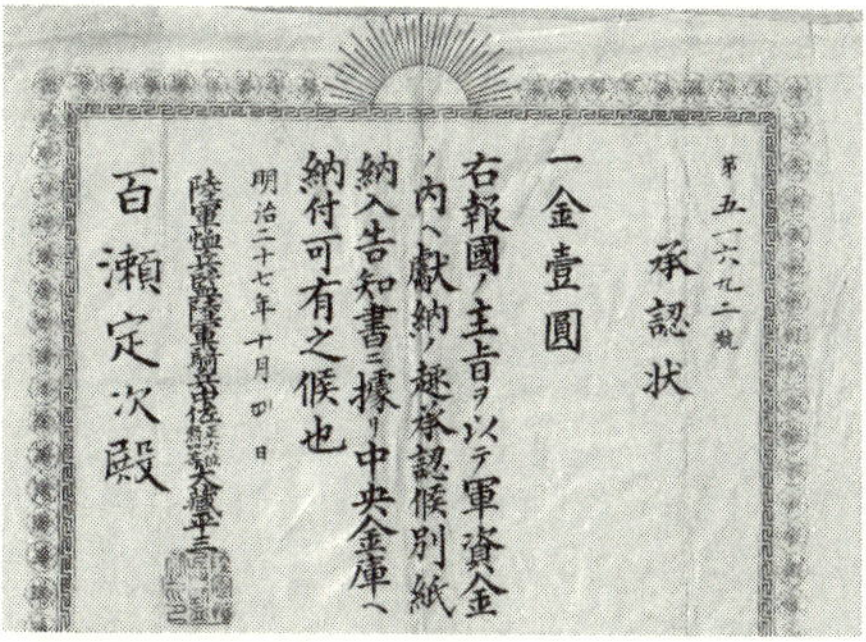

第五一六九二號

承認状

一金壹圓

右報國ノ主旨ヲ以テ軍資金ノ内ヘ獻納ノ趣承認候別紙納入告知書ニ據リ中央金庫ヘ納付可有之候也

明治二十七年十月四日

陸軍恤兵監

百瀬定次殿

写真③　恤兵部に献金に行くと渡される承認状。これを金融機関に持参して、納金をするシステムになっていた

になると、連日のように記事が出て、巷《ちまた》を賑わすようになる。主なものを図④に列挙する。

図④　美挙の数々

| | |
|---|---|
| 8月22日 | 東京医会京橋市会はドクトル木村順吉の発議により、京橋区内で兵役に従事している家族で赤貧な者には無報酬で治療することを議決した |
| 8月22日 | 日蓮宗の寺院が信徒の献金を募集し、恤兵部へ献納 |
| 8月22日 | 神田区の人力車営業組合が同業者からお金を集めて献金 |
| 8月31日 | 娘義太夫連の献金 |
| 8月31日 | 魚市場の献金 |
| 8月31日 | 日本橋蕎麦商国組の献金 |
| 9月4日 | 松旭斎天一社中の献金 |
| 9月20日 | 川上音二郎の献金 |

『朝日新聞』明治27年8月～9月より

人力車、蕎麦《そば》組合の献金などに交じって、娘義《ぎ》太《だ》夫《ゆう》連、奇術師・松旭斎天一《しょうきょくさいてんいち》社中、「おっぺけぺー節」で一世を風靡《ふうび》した新派劇の祖・川《かわ》上音二郎《かみおとじろう》等大衆芸能の世界での人気者たちが揃《そろ》って献金者に名を連ねている。

川上音二郎は浅草座における日清戦争芝居が毎日大入りだったため、九月一六日の平壌《ピョンヤン》における日本軍の大勝利の快報に接し、座長音二郎が自ら陸軍恤兵部へ金一〇〇〇円を献納したとある。恤兵部に献納に行くばかりでは献金が不十分だったのか、恤兵金募集はいわゆるイベントの形でも様々な場所で行われるようになる。これは軍主導か、主催者側の積極的な働きかけか、裏側が見えてこないが、献金と演説会、献金とイベントがセットになって、恤兵を呼び掛けるスタイルが典型的な例である。

## 恤兵を盛り上げる人々

世を挙げての恤兵ブームに乗り、献金で自社製品を作ろうという組織が現れる。東京芝区の大日本水産会では戦地の兵士のために、醵金《きょきん》を募集し、それを原資にして、自社で製造した缶詰を詰め合わせ、恤兵部に送致するというのである。大日本水産会は伝習所生徒に作らせることによって、市価の半額で調整できるから、通常の倍の量を恤兵部には搬入できると説明する。第一回目は鯨《くじら》の缶詰四〇〇〇個を作る予定で、最終的には数万個作ると鼻息が荒い。

日本赤十字社でも海陸軍恤兵部の寄贈品の受付を大々的に行っていて、新聞にも広告を出し、恤兵部に送る寄贈品は運賃が無料になると告知している。（『朝日新聞』明治二七年八月一〇日）

図⑤　明治27年の主な恤兵演説会、恤兵イベント

| | |
|---|---|
| 8月12日 | 恤兵奨励演説会<br>7月に日英通商航海条約を締結し、イギリスの支持を得たことを背景に、恤兵に対する言論に火が付き始める。虎ノ門の金刀比羅宮神務所内の忠勇議会と称する一団は金刀比羅宮社司を筆頭にし、信者から恤兵献金取次を行う広告を新聞に出している。忠勇議会は「国家の大事に赤心を表そうとするも、恤兵部に献金は多少の手数を要するので、我々有志が信者諸君のために献金取次を行う」と述べる。この団体はすでに恤兵部へ大口の350円を献納していた |
| 8月14日 | 恤兵奨励演説会<br>築地本願寺で義捐金募集の恤兵奨励演説会を行っている。国民英学舎も寄贈者の便利を図り、取次の労を代行するとしていた |
| 8月31日 | 恤兵演芸会<br>落語、音曲の名人による恤兵演芸会を9月7日、8日に開催する告知。講談師松林若圓、落語家三遊亭圓遊が出演し、収益を献納 |
| 10月26日 | 恤兵音楽会<br>日本赤十字社は11月10日、内外負傷者頻繁のため、その寄付金募集のため、上野公園音楽学校にて慈善オペラ並びに音楽会を催すという広告。この会は小松宮妃殿下の「御保護」で、イタリア公使夫人、大山伯爵夫人、鍋島伯爵夫人が世話人となって行われ、ハイソな音楽会も盛況だった模様である |

『朝日新聞』明治27年8月～10月より

おまけに、広告料は新聞社の義務ということで、無償になった。

この頃の日本赤十字社は、陸軍省と海軍省が管轄する社団法人である。国民が恤兵に協力する筋道はあらゆる角度からつけられていたのである。

## 日本赤十字社と恤兵

実は日本赤十字社は西南戦争（明治一〇年二月〜九月）のときから恤兵活動に携わっていた。

西南戦争は、薩摩《さつま》藩の西郷隆盛《さいごうたかもり》を盟主にして起こった、士族による国内最大規模の武力反乱である。この戦いは、鎮圧に動いた有栖川宮熾仁《ありすがわのみやたるひと》率いる約七万の政府軍に対して、士族軍は約三万、数から見て到底士族側が勝利をするものではなかった。鎮圧に動いた政府軍に軍配が上がったが、政府軍六四〇〇名、士族軍は六八〇〇名もの戦死者を出した悲劇の戦いとなった。

両軍による最後の死闘が繰り広げられた田原坂《たばるざか》では、樹木に、砲台のへこみに死傷者がぶら下がり、置き去りにされるという地獄図さながらの無残な光景が見られた。

戦地での兵士救護にすぐに立ち上がったのは、日本赤十字社の前身にあたる博愛社であった。博愛社は「敵味方の別なく救護する」というスローガンの下、兵士の救護に当たった。これに異を唱えたのは有栖川宮側だが、それをも説き伏せ、積極的な活動を行っていた。

日本赤十字社は西南戦争から端を発し、太平洋戦争まで軍と一体になって行動し、社則に「報国恤兵」を掲げた。幕藩体制から脱し、近代国家建設を推し進める明治政府にとって、「報国」と「恤兵」とは、大衆動員のための絶対的キーワードであった。日本赤十字社はまさに国のための恤兵組織そのものであったといえるだろう。

このほか、日本赤十字社と近い距離にいて、恤兵を語るときに欠かせない婦人団体に明治三四年三月二日に結成された愛国婦人会がある。愛国婦人会は社会事業家・奥村五百子《おくむらいおこ》によって設立され、兵士の慰問、戦死者の遺族や傷痍《しょうい》者の救済、軍人救護などに活躍した。総裁には皇妃、会員には上流婦人を集め、日露戦争時に戦地に送る慰問袋作りで活躍し名を挙げた。日本赤十字社、愛国婦人会（昭和一七年から大日本婦人会）の両方の存在を得て、太平洋戦争にまで続く銃後の女性の組織化が行われたといっていいだろう。

日本赤十字社では理事長、愛国婦人会では理事の要職を務めたのが、陸軍に恤兵部を立ち上げた大山巌の夫人、大山捨松である。日清・日露戦争では、大山巌が参謀総長、満州軍総司令官として、軍の指揮をとったが、妻の捨松はアメリカ留学中に取得した看護婦の免許を生かし、日本赤十字社で戦傷者の看護に尽力した。大山夫妻にとって、「報国恤兵」は生涯にわたって自らに課した使命だったのかもしれない。

ところで、日清戦争終結後、小松宮頼子《こまつのみやよりこ》妃殿下は日本赤十字社に臨御《りんぎょ》され、看護婦二五〇名が拝謁《はいえつ》をした。戦争が収まり、職務を解かれた看護婦たちに労《ねぎら》いの言葉をかけている。西南戦争から引き続き、日清戦争でも「報国恤兵」を掲げた日本赤十字社は戦地で救護活動を続けていたのだ。以後、白衣の天使たちは昭和二〇年終戦までの長期間、兵に寄り添いながら、皇国日本を支えていったのである。

## 陸軍と海軍では求める慰問袋の中身が違う

日清戦争から三か月が経過した明治二七年一〇月二五日の『朝日新聞』に「海軍恤兵部への寄贈品は陸軍の方とは其必要とする処の物品異なる」という、いまでは見方によっては微笑ましい、といっても、当時としては貴重な記事が出る。

記事は、陸軍では肉類の缶詰が必要だが、海軍は「充分に軍艦の中に積み込みありて此の供給に不足と感ずる様のこともなければど」と、断りを入れながら、「普通の缶詰よりも久しく食べていない、例えば、過去に新島《にいじま》から届いた乾物、塩鮭、鰹節、でんぶ等の寄贈品が艦中にないためありがたかった」という内容である。

陸上で戦う陸軍と海上で戦う海軍とは求めるものが違って当然といえば当然である。

満州事変、日中戦争と進むなかで、国民からの愛の贈答である慰問袋が兵士のメンタル維持に重要となるが、すでに日清戦争の頃から、軍からの要望としてこのような記事が掲載されていたということに注目したい。まさに、国民の支援を背景に、軍民共に戦っているとの認識だったのだろう。強気な海軍のリクエストは恤兵金品を持ち込む、熱心な国民の姿あっての「おねだり」であった。

この記事の後に、「雑報」として、海軍寄贈品献金取扱手続は海軍省経理局で局長が取り扱うことになるという一行がある。海軍では、海軍経理局が恤兵の業務を行うことがここにもはっきりと明言されている。恤兵部を設置した陸軍、正式には恤兵部と名乗らず経理局の一課、恤兵係とした海軍、そこに両者の恤兵に対する考え方の違いが見える。

## 受納停止から閉鎖

日清戦争は明治二八年四月一七日に終結したが、その後も恤兵部は存続していた。恤兵部の業務が停止したのは、その年の一二月一〇日である。日清戦争が終わって八か月、まだ、戦地に残留している日本兵もいた。その者の慰問に恤兵部は年末まで、門戸を開放していた。『朝日新聞』紙上では、一二月六日までに陸海軍恤兵部が受領した献金、献品総額が以下のように報じられた。これまで、恤兵部は戦争の局面ごとに、人々が献納する恤兵金品額を公表してきたが、ここで、総決算となった訳である。

陸軍恤兵部
献金総額　二一八万二七七五円八〇銭
献金者総数　四五万一七三八人
献品総数　三万三二八四件

海軍恤兵部
献金総数　五七万八三七〇円三〇銭六厘
献金者総数　七万二七六三人
献品総数　二六八九件

累計献金額　二七六万一一四六円一〇銭六厘

しかし、総決算したからといって、この時点では恤兵部はまだ完全に閉鎖されてはいない。まだ、ぼつぼつと恤兵金品を持ってきた人々がいたからである。完全に業務を停止するのは、明治三〇年四月。「陸軍恤兵部　明十日限り廃止」と、九日の『朝日新聞』二面に一行のみの目立たない記事で扱われ、陸軍恤兵部は大臣官房付に戻っていった。

その後、『朝日新聞』に「恤兵」の文字が現れるのは、明治三一年七月七日の紙面で「これまで賞典の遅延していた献金者に賞状を与える」との告知のなかであった。

一時は紙面に興味深いトピックを提供していた恤兵部だが、この小さな記事は戦争の記憶が時間の経過とともに薄れたように人々の記憶から段々と遠のいていったことを意味している。

## 日露戦争で恤兵部再開

世界から「眠れる獅子」と恐れられていた清は、日清戦争により、その弱体ぶりをさらけ出すこととなった。いままで進出をためらっていた列国は、大陸進出に食指を伸ばし、日本への賠償金に苦しむ清に金を貸し付け、代償として土地の租借《そしゃく》、鉄道や鉱山の利権に群がっていった。なかでも、ロシアは日本が手放した旅順、大連を租借し、満州の占領にも成功している。ロシアの急速な南下が朝鮮半島にまで及ぶことを恐れた日本は、明治三五年イギリスと日英同盟協約を結び、これを盾にロシアと交渉を進めるが、決裂。国内では、各新聞紙上で非戦論、開戦論が沸き上がったが、次第に開戦論一辺倒に傾いていった。

ついに、明治三七年二月、連合艦隊が仁川《インチョン》沖でロシア艦隊への奇襲に成功し、二月一〇日、ロシアに宣戦布告した。

この日、静岡では恤兵団が結成され、翌日一一日、立憲改進党派の『静岡民友新聞』（明治二四年創刊～昭和一六年廃刊）では早くも、恤兵金募集が始まっている。

露国膺懲《ようちょう》の義戦は開始された。（略）壮夫銃剣をひっさげて遠征の途に上る。また家族を顧みるのいとまなし。よろしくこれが保護の任に当たるは国民の義務ならずや。いわんや遠征中あるいは負傷し、あるいは疾病に悩む者あらば、これを慰撫《いぶ》するは暖かき褥《しとね》に安居する国民の義務ならずや。ゆえに本社は左の方法をもって広く恤兵金を募集せんとす。

一、義捐金は金十銭以上なる事

一、義捐者は住所姓名並びに金額を詳記して本社会計係に申し込むべき事
一、学校その他団体義捐も前段の通り
一、義捐金はすべて相当の手続きを経て陸海軍大臣に送達すべし

静岡民友新聞

恤兵金募集だけでなく、沼津町で仁川、旅順戦の戦勝祝賀会が、一二日には地域民結集による大々的な提灯行列が行われて、県を挙げて、戦争、戦争、戦争である。静岡ばかりではない、各地域で恤兵の狼煙《のろし》が上がる。種をまき、その実が熟すのを待っていたかのように、二月一二日、陸軍が以下の告知を発布し、恤兵部が開設された。日清戦争から引き続きの再開である。

開設の要点は以下の二点である。

①陸軍恤兵部は軍隊に金員（金銭）や寄贈品を取り扱う事務機関として明治三七年二月一二日に告知、二月二九日に開設された。
②係の長官である恤兵監は寄付金や物品の種類を審査し、いったん恤兵部が受理し、金銭

は銀行に預金する。物品は受理を希望する部隊を指定して発送の手続きをする。

こうして、二月一二日から恤兵金品の受付事務が開始されたものの恤兵部の組織は定まっていなかった。とりあえず、陸軍省副官歩兵大佐が主任として任命された。

だが、実際には、この恤兵部開設より四年も前、明治三三年に、陸軍では恤兵金の受付を始めている。なぜなら、日清戦争終結から五年、日露開戦までには四年、その狭間《はざま》のなかで、日本兵は、依然、満州、朝鮮に派遣され、日本の権益を死守しているからだ。明治三三年は、中国の排外主義団体「義和団《ぎわだん》」が北京にある外国公使館を襲撃した義和団の乱が起こっている。鎮圧のために、列国の「連合軍」が組織され出兵した。日本も連合軍の主力になって、二万二〇〇〇名もの兵（極東の憲兵）を送り込んでいる。この者たちのために、恤兵金が必要だったのだ。だが、金額は日清戦争で恤兵部が開設した際の一〇万分の一にも満たなかった。

昨今は皆無の日もあり。多くとも、二十名を出でずとのことなり。海軍の恤兵は極めて希少なり。

と『朝日新聞』（明治三七年一二月一七日）に叩かれる始末だった。おまけに、同日の新聞では、減少の理由を分析し、物品が少量の寄贈なのに、金円の寄贈に比して、「いたずらにその手を煩わすに過ぎず、手数多きによるものなり」と批判している。

だが、戦争が勢いに乗っているときは、人々の関心も過熱化するが、戦争が終結したとき、沈静化に向かうのは当然の結果ともいえるだろう。恤兵もしかりである。恤兵金の減少は恤兵行為そのものが大衆の戦争への興味とリンクし、兵士のサポーターである人々の感情に支えられていることをいまさらながら、確認するものとなった。まして、いまほど、メディアが発達していない時代にあって、海を隔てた遠い戦地、大陸での戦いの様子は、見えないのである。

この惨状から四年がたち、日露が開戦、恤兵部も営業再開となると、献金をする人が引きも切らず大混雑の状態で、日清戦争時をもしのぐ献金の嵐である。この極めて民意を反映した組織、恤兵部の様子は以後、ほぼ毎日続報が出るほどだった。国民も新聞記事に吸い寄せられていく。恤兵部と新聞との持ちつ持たれつ、相互依存の関係はこの時点で出来上がる。

## 熊野神社にあった恤兵趣意書

意外なものを発見した。東京都北区の熊野《くまの》神社神楽殿《かぐらでん》の裏に、日露戦争に際しての「恤兵会寄附金募集趣意書」の額が展示されていたのだ。趣意書には設立の趣意、出征兵士名、会役員名、寄付者名、寄付金額が書かれている。いまでは貴重なものなので、写真を公開したい。日付が二月一一日となっているので、恤兵部の開設よりも早く寄付金募集が行われていたことになる。

恤兵會寄附金募集趣意書

数年来東亜ノ天候ハ其雲行甚ダ急ニシテ何時疾風迅雷《ジンライ》ノ起ランモ計ル可ラザル有様トナリ心アルモノハ皆其成行如何ヲ焦慮シツツアリキ果セル哉《カナ》本年二月十日俄然東亜ノ風雲ハ破裂シテ霹靂《ヘキレキ》一声日露両国間ノ国交ハ断絶セラレ遂ニ両国民ハ茲《ココ》ニ旗鼓《キコ》ノ間《マ》ニ見ユルノ止ムナキニ至レリ此ノ時局ヤ実ニ振古《シンコ》未曾有ノ大事変ニシテ帝国安危ノ岐《ワカ》ルル所ナリ帝国国民タルモノハ此際如何ナル態度ニ出デントスルカ平時其偲《ママ》ニ事業ヲ進行スベキモノナルカ或ハ感奮激励シテ謂《イハ》ユル軍国民ノ特別行動ヲ執ル可キモノナルカ余輩ハ然《シカ》ク

思フ国民ハ国家ノ要素タリ国家ガ活動ノ状態ヲ変ジタル時ハ其要素タル国民其モノモ亦《マタ》之レニ適応シタル行動ヲ執ラザル可カラザルモノナリト其発動ノ形式ハ種々ナルベシト雖《イヘド》モ先ズ自己ノ地位ト実力トヲ正当ニ看取シ其能力ニ応ジテ国民ノ義務ヲ尽スニアルノミ余輩ハ斯《カク》ノ如キ見地ニ拠リテ剣下国民ノ任務トシテ第一着手ニ尽スベキハ出征軍人及ビ其家族ヲ慰スルニアリ依リテ茲ニ恤兵金ヲ募集シテ軍士及ビ其家族ニ贈リ以テ忠君愛国ノ士気ヲ鼓舞セント欲ス有志ノ諸君応分ノ寄附アランヿ《コト》ヲ望ム

明治三十七年二月十一日　　岩淵町大字下恤兵會　　敬白

出征軍人

写真④　東京都北区にある熊野神社に所蔵されている、恤兵金募集の趣意書

稲垣亀吉（以下氏名略　全二十八名）
寄附金応募者百七十二名　合計四百九十八円四十銭
（寄付金は現在の金額で約五〇〇万円にあたるだろうか）
引用資料は北区志茂に住む、本間孝夫「北区内の日清・日露戦役記念碑」（平成二五年一二月二九日発行）による。

同じく、志茂の熊野神社の本殿には、明治三九年建立《こんりゅう》の日露戦役記念碑がある。その下段には志茂地区の軍事援護団体恤兵会「岩淵町大字下恤兵会」の名が記されている。記念碑に記されている三三名の出征軍人は、後日出征した五名を除き、恤兵趣意書に全員名前が入っている。地域は出征軍人を恤兵金品で支え、出征後は働きを称賛したのである。

ところで、ここで登場した恤兵会だが、各地域で結成され出征した地域出身の兵士の慰問活動、留守家族の世話などを行っていた。恤兵は網の目のように張り巡らされ、兵士を援護していた。恤兵部はその総本山だったのである。

## またもや燃えさかる恤兵フィーバー

最初に献金に訪れる人物が新聞で報道されたのは、二月一四日の横浜在住のドイツ人である。彼は日本赤十字に金一〇〇〇円を寄付したいと申し出、さらに、召集に応じた者三名に対し、戦争の終局まで家族に月給を倍加し支給すると約束した。日清戦争時はこの手の恤兵美談は新聞紙面三面を中心に掲載されたが、日露戦争では、一面ないし、六面が多い。これも、日露戦争に沸く時局が影響しているのだろう。同日の六面は冒頭から、熱心に戦争報道に耳をそばだてる人々を活写していく。

市民の戦争応援への熱気は激しくなる一方だったと見えて、朝日新聞社では社前に露艦の北海道福山攻撃、商船撃沈など筆で黒々と書いて貼りだしたところ、黒山の人だかりになった。口々に「横暴、無法」「人道の蹂躙《じゅうりん》」「野蛮の海賊」などと大声で叫び、多数の人々が道に立ちふさがって通行の邪魔をする等、大混乱が生じたという。

当の『朝日新聞』は人々の狂乱の様を重く受け止めたか、「軍事の際とて紛々たる風説の行いはあるものの、虚報を伝え、徒《いたずら》に世を騒がすものがいるとも限らない。世人はこの際、正確なる情報を待って最も沈着に事を処すべき」と釘《くぎ》をさすことを忘れなかった。風評被害を恐れてのことだ。

同紙では、理髪店店主が軍人に限り半額としたり、新橋の組合が新年宴会を廃して、その費用を献金に回したり、某社では金六〇〇〇円に相当する紙巻きたばこ二〇五〇万本を寄贈した等々の、敢《あ》えて言えば、善行報道が日々溢《あふ》れるほど掲載されている。

## 新聞社主催の大提灯行列

明治三七年二月一一日には京都で、午後六時を待ち、『日出新聞』『京都日報』『萬朝《よろず》報』『大阪朝日』『大阪毎日』等の新聞社主催の「大提灯行列」が行われた。参集した者たちは各自提灯を持ち、楽隊を先頭に歩き始め、これに近隣の会社、銀行、第二中学校、商業学校、師範学校の生徒らも加わり、口々に「万歳《ばんざい》」と叫び、巡行した。一三日は、東京神田一橋通りの東京高等商業学校（現一橋大学）の生徒一同が「討露の歌」（対露宣戦布告に狂喜した東京高等商業学校の生徒が提灯行列用に作った歌）を歌いながら、点火行列を始めている。

祝捷《しゅくしょう》の提灯行列は明けて翌年の一月一三日にも行われる予定だったが、文部省高等官及び判任官一同は上局の注意により中止し、その費用の一部を恤兵部に献納した。興奮して、逸脱行為に及ぶ者が多数出て止めざるを得なかったのである。

## 外人の美挙

日清戦争の頃から、日本在住のフランス人やドイツ人が「従軍者遺族のために」と、恤兵部へ献金に来る姿がぼつぼつ見受けられたが、日露戦争時にはさらにその数は増え、日本に住んでいる者ばかりか、海外在住の外国人からも多額の献金が届いている。

イギリスの『デイリー・メール』は、駐英公使夫人の発案で恤兵義金の募集を行うが、その理由として、「日本は英国の同盟国」であり、「満州解放のために戦って、古今東西に比類なき沈毅《ちんき》と義勇とを顕《あら》わしたる者」であるからと述べている。好意的な位置づけである。

では、そのなかで太平洋戦争で対戦することになるアメリカはどのような立場を取っていたか。前述したように、日露戦争にあたっては、アメリカ自ら恤兵費を募集したり看護隊を送ったり、軍艦を献納したいと申し出る者まで現れた。つまり、イギリス、アメリカからの恤兵献金は、各々の国がロシアを敵視し、対戦国である日本支援に回っている、そのことを裏付けるひとつの根拠とも考えられるだろう。恤兵を軸に世界を概観すると、

**図⑥　日露戦争時に外国人から寄せられた献金品**

| | |
|---|---|
| 明治27年<br>6月17日 | ハワイより　日露戦争開戦につき、在ハワイ島日本人及び外国人より本邦へ寄贈金高９万4891円63銭（うち陸軍恤兵部へ200円、海軍恤兵部へ3661円49銭）を納めた |
| 明治27年<br>6月19日 | 横浜在住イタリア人より　横浜山手町ローマ旧教女学校校長マテルダ氏による毛糸腹巻500個（価格300円）を献納した |
| 明治27年<br>9月4日 | オーストラリアより　豪州クイーンズランド州タウンズヴィル、その付近の木曜島、ダーウィンなどの地方在留の本邦人より軍資または陸海軍恤兵部、赤十字社へ寄付を願い出て、日露開戦以来既に１万9700余円の多きに達した。なお、木曜島の在留日本邦人で日本赤十字社に入社した者は60余名に達した |
| 明治27年<br>9月7日 | 上海より　在上海の外国人諸氏は「中立恤兵金募集会」を組織して、広く恤兵及び家族救護資金の募集に着手し、既に集めた金１万2400円をロシアと日本の軍人遺族救護会に２分の１ずつ配分した |
| 明治27年<br>9月28日 | 横浜在住のインド人より　横浜市に住むインド人は水上警察署に雇われ、金３円を与えられたが受け取りを固辞し、自分から２円を加えて５円にして海軍恤兵部に寄付した |
| 明治27年<br>10月13日 | 韓国より　韓皇は我が北清軍へ慰問使を派遣したが、これを恤兵金に替え、２万円を日本恤兵部へ寄贈したという。慰問使は勅語のみを携えて出発の予定とのこと |
| 明治28年<br>1月25日 | 英国人より　英国の退役海軍機関中監は英貨５ポンドを恤兵部に寄付した |
| 明治28年<br>3月3日 | ニューヨークより　ニューヨーク在住の一夫人は大山巌侯爵夫人（冒頭で紹介した捨松、彼女はアメリカへ留学した女性の第一号）を介して赤十字看護婦人会へ10ポンド（引用者注：原文ママ）を寄贈した |
| 明治28年<br>10月30日 | ロシアより　在樺太《からふと》露人は日本軍の義侠、懇切なるに深く歓喜し、20ルーブルを恤兵部に寄贈した。『朝日新聞』は「これまで俘虜《ふりょ》その他より赤十字社に寄付せし者ありも恤兵部に金円を寄贈したるは今回を以て嚆矢《こうし》となす」と敵国からの献金に驚き、称賛している |

『朝日新聞』より

違った歴史の断面が見えてくる。

日本の支援に回ったのは、イギリス、アメリカ、ドイツ、オーストリア等一三か国である。イギリスはクリミア戦争でロシアと戦い、仇敵《きゅうてき》関係にあり、一九〇〇年には打倒ロシアをもくろむ日本と日英同盟を結んでいる。日英同盟は日本もイギリスも互いの利害が絡んだ末の締結だが、各国国民の側には、日本に同情を寄せる世論もあったということだ。

一方、フランスはロシアと秘密同盟（露仏同盟）を結んでいて、ロシアと協調関係にあった。

## 下からの動員

日清戦争では、「唄い女」が、いの一番に恤兵部に駆け付けたと書いた。日露戦争でも、『朝日新聞』紙上（明治二七年七月~明治二八年五月）で、戦争開始時に駆け付けた横浜の三一名もの娼妓（『朝日新聞』では「抱《だ》き女《おんな》」と記している）、印刷職工、小学校教師、女子職業学校の生徒らの美挙報道が相次ぐ。早稲田大学の学生が「恤兵奨励の挙」に出て、三万冊の書籍の寄贈、献金を行い、全国行脚にも出るとの報道が目を引く。

個人情報漏洩《ろうえい》が問題となっている現代では、信じがたいことだが、新聞には、住所名前入りで、恤兵美挙、美談が報じられている。出征兵士への共感と同情を喚起させる恤兵報道の裏には、依然、メディアと軍部との連携があるのだろう。しかし、それればかりではない、国民の間から湧き上がってきた戦争支援の抑えがたい感情が恤兵を徐々に大きな存在へと育てていった。上からの動員でなく、下からの動員である。

日露戦争は二年の間に大量の傷病兵を出し、彼らは帰還させられ国内の病院に送り込まれた。傷痍軍人は社会問題化し、明治三九年四月には廃兵院法が成立し、「廃兵院」（後に「傷兵院」と名称変更）が各地に設置された。日露戦争間、天皇、皇后、皇太子、皇太子妃は出征部隊、留守隊に慰問使を差し向け、傷病者に菓子や菓子代を下賜《かし》した。とくに皇后は日清戦争の頃に開設された予備病院に行啓し、患者を慰問した。下賜金額は四〇万円の多額に上った。国民も国のために戦った傷病兵に深く同情を寄せ、直接病院を慰問する者が後を絶たなかった。彼らへの恤兵金献納も多額に上った。

## 不平等条約に怒れる国民

日本はロシアに勝利し、アメリカの仲介によって明治三八年九月五日ポーツマス講和条約を締結した。結果として、ロシア領であった北緯五〇度以南の樺太領有、朝鮮半島の支配、遼東半島の租借権、南満州の鉄道（長春《ちょうしゅん》～旅順《りょじゅん》）の譲渡を得たが、賠償金は全く支払われなかった。

一年七か月の戦争期間中、戦費一八億円あまり、ほとんどが戦時国債から拠出され、総動員兵力は一〇九万人、これは常備兵力二〇万人をゆうに上回る数で、いかに国民の犠牲を強いられた戦争だったかがわかる。

国民は勝利したものの政府の理不尽な不平等条約締結に怒りに燃えた。日清戦争の三国干渉では煮え湯を飲まされた。再び、政府の弱腰外交ゆえに、屈辱条約に甘んじるのが許せない。その憤怒《ふんぬ》が形になって表れたのが明治三八年九月五日に起こった「日比谷焼き討ち事件」である。これは講和条約の締結に反対する、日比谷で行われた国民大会の参加者たちが、暴徒化したものだった。リーダー集団は政治に強い関心と不満を持つ、東京の知的青年たちだったが、噂を聞きつけて集まった群衆は数万に上った。

当日、正午過ぎには、止めに入った約三五〇人ともいわれている警官と群衆との間に乱闘が起こった。次に、群衆の一部が向かった先は、講和条約に賛成した徳富蘇峰《とくとみそほう》率いる国民新聞社である。

四〇〇〇〜五〇〇〇名もの怒れる者たちが新聞社のガラス窓に石を投げつけ、扉をぶち破り、ここでも警察との間に激しい乱闘が起こった。騒ぎは翌日まで続き、警察、路面電車、教会等が破壊され、街の随所が放火による火の海になった。戦争に熱くなった国民と「ロシアに負けずに済んだ」と思う政府との不協和音が引き起こした事件だった。

## 恤兵部、ひっそりと閉鎖

日比谷焼き討ちに参集した群衆のなかには、戦時中、乏しい懐《ふところ》から金銭を捻出し、恤兵という形で、国を支え、戦争を、出征軍人を応援したと感じていた者も大多数いたはずである。大国ロシアを打ち負かしながら、勝利感が得られない結果はその者たち、いや、多くの国民にとって憤懣《ふんまん》やるかたないものだった。人々の怒りの感情は容易に収まらなかったが、一方、その年の大晦日《おおみそか》、陸軍恤兵部は恤兵金品の受理を停止し、翌年二月二三日に閉鎖した。戦争を陰で支え、一世を風靡《ふうび》したかに見えた部署のあまりにひっそりとした幕引きであった。

平和克復《コクフク》トトモニ恤兵必要ノ度ヲ減シタルニ依リ陸軍大臣ハ同年十二月三十一日限リ

恤兵金品ノ受理ヲ停止シ、次《ツイ》テ翌三十九年二月二十三日陸軍恤兵部ヲ閉鎖シタリ。
陸軍予備病院各竝師団其ノ他ノ部隊ニ関スル寄附金及寄贈品ハ陸軍恤兵部ヲ経由セス直接之ヲ受理シタルカ就中《なかんずく》予備病院ニ於ケル音楽、演芸等ノ寄附ハ大ニ患者ヲ慰籍スルコトヲ得タリ。

| 師団その他 | | 総計 | |
|---|---|---|---|
| 2万8519円7銭1厘 | 2.1% | 133万1202円52銭9厘 | 100% |
| 163件 | 0.3% | 5万8699件 | 100% |
| ? | | | |
| | | | |
| 17万8724円14銭4厘 | 18.7% | 95万5871円11銭9厘 | 100% |
| 3万3794件 | 58.4% | 5万7898件 | 100% |
| ? | | | |
| | | | |
| 20万7243円21銭5厘 | 9.1% | 228万7073円64銭8厘 | 100% |
| 3万3957件 | 29.1% | 11万6597件 | 100% |
| ? | | | |
| | | | |

上記が閉鎖に際しての告知文である。平和を克復すれば、門戸を閉じるのが恤兵部の在り方だが、閉鎖後、寄附金・寄贈品は直接、関係筋に送れとは、あまりに冷たい。

ところで、日露戦争時の陸軍恤兵部の職員だが、明治三七年三月一日、開設時の時点では、恤兵監は大佐（兼務）一名、部員は中佐一名、少佐一名、大尉二名で全六名（兼務二名）、事務員となると、全三〇名（兼務は四名）総勢三六名の所帯だった。兼務が多いことは、陸軍のなかではさほどの重要な位

**図⑦　日露戦争期における恤兵金受理総高**

| | | 陸軍恤兵部 | | 予備病院 | |
|---|---|---|---|---|---|
| 寄付金 | 金額 | 126万6348円76銭９厘 | 95.1% | ３万6334円68銭９厘 | 2.7% |
| | 件数 | ５万7194件 | 97.4% | 1342件 | 2.3% |
| | 人員 | 102万3741人 | | 3291人 | |
| | １人平均額 | １円23銭７厘 | | 11円４銭１厘 | |
| 寄贈品 | 評価金額 | 49万1590円73銭９厘 | 51.4% | 28万5556円23銭６厘 | 29.9% |
| | 件数 | 3095件 | 5.3% | ２万1009件 | 36.3% |
| | 人員 | 55万8385人 | | ３万8192人 | |
| | １人平均額 | 88銭 | | ７円47銭７厘 | |
| 合　計 | 金額 | 175万7939円50銭８厘 | 76.9% | 32万1890円92銭５厘 | 14.1% |
| | 件数 | ６万289件 | 51.7% | ２万2351件 | 19.2% |
| | 人員 | 158万2126人 | | ４万1483人 | |
| | １人平均額 | １円11銭１厘 | | ７円76銭 | |

『日露戦争統計集　第15巻』陸軍省編纂（復刻原本：防衛庁防衛研究所）東洋書林　平成７年

置を占めていなかったことを意味するのだろう。閉鎖を二か月後に控えた明治三八年一二月では、中佐らが抜けて部員全六名（兼務四名）、事務員の数も一二名（兼務五名）で総勢一八名の所帯へと縮小された。

## 日露戦争恤兵総括

日露戦争の間に陸軍恤兵部に持ち込まれた総額は、『日露戦争統計集第15巻』（陸軍省編纂《へんさん》〈復刻原本：防衛庁防衛研究所〉東洋書林　平成七年）でみると、一三三万一二〇二円五二銭九厘。件数五万八六九九件、恤兵寄贈品は、評価額にした場合、九五万五八七一円一一銭九厘、件数五万七八九八件となる。

恤兵金、恤兵品は陸軍恤兵部のほか、兵士の看護にあたる予備病院、軍の師団などにも、持ち込まれるため、恤兵金、恤兵品の総額はさらに膨れ上がり、二二八万七〇七三円六四銭八厘、件数は一一万六五九七件と膨大な数の金品が持ち込まれたことになる。

庶民の戦争勝利に賭ける期待度は恤兵額の高さに比例していると考えると、我々の先人は、乏しい財布のなかから、金銭を出し、海の向こうの兵士を応援し、片や戦争の行方に熱狂した。

繰り返しになるが、恤兵部は戦争が起これば立ち上がり、終戦を迎えれば閉鎖されるといった、ある意味合理的な部署ともいえる。だが、恤兵部がほかの部署と異なり、独自性を持つのは、人間の「情」という鎖で、戦地と銃後とを結び付けた点にある。人心に寄り添い、人心を操作したともいえる。その特徴がいよいよ色濃く表れてくるのが、長きにわたって続いた、次の一五年戦争の時代である。

# 第二章　そびえ立つ恤兵金、慰問袋の山

（満州事変〜日中戦争）

## 恤兵部の快進撃

日露戦争から二二年が経過し、時代は大正を経て、昭和に入る。

大正はデモクラシーが活発化する一方、第一次世界大戦による大不況、続く、関東大震災、甘粕《あまかす》事件、労働争議の激化と、社会全体が不安に揺れた。甘粕事件は、大正一二年、アナーキストの大杉栄《おおすぎさかえ》、妻の伊藤野枝《いとうのえ》、甥が憲兵によって絞殺され、当時の憲兵大尉であった甘粕正彦《あまかすまさひこ》らの犯行と断定された事件である。暗い世相を感じながらも、人々は次の時代（昭和）へ期待を抱いた。

昭和元年、当時の陸相・宇垣一成《うがきかずしげ》は、日記に「昭和改革と共に一段の勇を鼓して大東亜大局安定の為に一心境を画せざるべからず。之れが先帝の御遺徳を発揚し今帝に報効する所以《ゆえん》なりと信ずる」と記した（『宇垣一成日記』昭和元年一二月三一日）。

宇垣の言葉が実行に移されたかのように、陸軍は翌年の四月一日には、明治六年に公布された徴兵令を全面改訂し、総力戦体制を視野に兵役法を公付した。これは兵士の現役在営期間を短縮するものだったが、真の狙いは兵の負担を軽くするかに見せて、代わりに国民の総力（人的、物的資源）を挙げて戦争を遂行する、国家総動員体制を国民に負わせることを目的としていた。

すでに大正一五年四月二二日、政府は「国家総動員機関設置準備委員会ニ関スル件」を決定し、機関設置に動き出していた。この結果、昭和二年五月には内閣総理大臣の管理下の事務、諮詢《しじゅん》機関として「資源局」が新たに設置された。実質、内閣の外局である「資源局」は太平洋戦争期に国民を戦争へと動員した、国家総動員の準備装置ともいえる存在であった。つまり、昭和の産声と共に早くも、政府、軍部一丸となって、国民全体の戦争参加が視野に入れられていたのである。

話を恤兵部に戻そう。

日清戦争、日露戦争において、恤兵部は立ち上がっては、消えていく、いわば、仕事のあるときだけ駆り出される〝派遣〟のような存在であったためか、これまでの研究ではあまり重要視されず、また、天下の悪法、国家総動員法とも結び付けられてこなかったが、国民を戦争支援という形で、動員した組織として機能したことは疑いようのないことであると考える。

この章からは、満州事変、日中戦争、太平洋戦争における恤兵部の動きを追いながら、恤兵部の役割、国民動員の方法と効果、終戦期恤兵部の破綻《はたん》等を含め、恤兵部とは何だったかを考えていこうと思う。

この組織が力を持ち始めるのは、実は日中戦争以降である。

短期臨時出勤の恤兵部がいつか〝正社員〟に格上げされ、国民の懐と働きをあてにするとき、戦争がどうにも抜き差しならなくなったことを意味してくる。

## 膨れ上がる恤兵金

昭和六年九月一八日、関東軍参謀が中国奉天《ほうてん》郊外の柳条湖《りゅうじょうこ》で南満州鉄道（満鉄）の一部を爆破する事件が起こった（柳条湖事件）。奉天駐在の独立守備隊の河本末守中尉らは爆破を中国側の仕業に見せかけ、北大営から慌てて飛び出してきた中国兵を射殺し、北本営を攻撃した。これは高級参謀・板垣征四郎《いたがきせいしろう》大佐と作戦主任参謀・石原莞爾《いしわらかんじ》中佐率いる関東軍が中心となって計画した謀略事件であった。同夜、交戦は開始され、日本と中国は長期にわたる戦争状態に突入した。一五年戦争の発端となった満州事変はこうして始まった。

当初、政府は事件の不拡大を決定したが、関東軍は無視し暴走を続け、半年もたたずに、満州全土を占領したのだった。

昭和七年一月一五日、『讀賣新聞』は恤兵部の新設を知らせる記事を掲載する。

> 本日陸軍省告知三号を以て陸軍恤兵部を設置せらるることとなつた。従前恤兵の件は大臣官房で取り扱っていたが、その始末も日増しに繁忙を加うる一方、（略）完全を期したいという見地から今回恤兵部の独立的設置をみた次第である。

翌一六日朝の新聞には早くも、「恤兵部の陣容なる。恤兵部以下部員拝命」との見出しが躍り、新生恤兵部の長は恩賜課長が兼任し、恤兵監には近衛《このえ》師団副官や二等主計など七名が任命され、あとは数名の恤兵部員が加わった。

恤兵部が独立した背景には、意想外の恤兵金の洪水に見舞われたことにあるのだが、それは新聞がいち早く、報道していた。

『大阪毎日新聞』（昭和七年一月一九日）は「恤兵金、既に二百十八萬円　日露の役を遥《はる》かに凌駕　荒木陸相上聞に達す」と見出しからセンセーショナルである。

「世をあげて未曾有の赤字時代に直面してかくも国民の熱烈な後援を受けることは陸軍首脳部としても全く夢想だにしなかったところで、荒木陸相は各出動将兵が感奮興起し何ら後顧の憂いなく安んじて難に赴き、聖恩の万分の一に報い奉るの覚悟をいよいよ固くしている旨を上聞に達したものである」と、報じている。

だが、恤兵金の洪水に見舞われた喜ぶべきニュースも、現実には、日清日露時代に経験した、一過性の出来事だった。蓋《ふた》を開けてみれば、これまでと同じ、戦争が開始された僅《わず》かの間だけ、人々の戦争熱は沸点に達し、まもなく波が引いたかのように鎮火へと向かい、恤兵部は訪れる人影も少なくなった。

昭和八年五月三一日、河北省塘沽《タンクー》において日本軍と中国軍との間の停戦協定である塘沽協定が結ばれた。その一年後、昭和九年七月二〇日発行の『朝日新聞』には「陸軍恤兵部縮小移管」との記事が出る。

恤兵部は約二年半に及ぶ活動を停止し、独立した部署から元いた陸軍大臣官房の軒下に間借りとなる。

## 日中戦争勃発。永続的な組織となる

その後、恤兵部が「銃後の熱誠に応えて」再開されるのは、昭和一二年九月三日のことである。

翌四日には、

（略）国民銃後の恤兵熱に対応するため、陸軍省内では三日「陸達　第四一号」で陸軍恤兵金品取扱規定を定め新たに省内に『恤兵部』を設け、事務取扱に当たらしめると共に恤兵監を置いてこれを監督せしめることになった。（『朝日新聞』昭和一二年九月四日）

そして、記事の末尾にやや小さい文字で「恤兵監、恤兵部の設置は満州事変当時にもその例がある」と念を入れている。

一〇日には予告どおりに、

「恤兵監に陸軍省恩賞課長及川源七《おいかわげんしち》大佐、恤兵部部員に浅野庫一《あさのくらいち》中佐、その他嘱託判任官若干名が勅命された。今一一日から陸軍大臣官房恤兵係の名称は『陸軍恤兵部』と塗り替えられる」（『朝日新聞』昭和一二年九月一一日）との記事が載り、新恤兵監として恩賜課長と兼任の及川大佐が任命され、顔写真付きで報じられた。

陸軍恤兵部は開設以来、閉鎖、再開を繰り返しているが、これを最後に、太平洋戦争終結まで、固定化された組織として陸軍内に存在することとなった。

ここで日中戦争開始当時の陸軍全体から見た、恤兵部の位置づけを述べておく。

陸軍省には大臣官房と八局一八課（昭和一一年八月改正の官制）が置かれていた（図⑧参照）。昭和一二年日中戦争が始まると、大臣官房の国防献金事務、人事局の恩賞課業務、功績調査部、軍務局の新聞班、経理局の建築課業務、陸軍恤兵部などが加わり、その業務が膨大となり、省内の職員総数は一〇〇〇人に近いものになっている。


陸軍恤兵部が大臣官房に属していたことは、陸軍の慰問雑誌『恤兵』第二六号の奥付等で明らかになっている。また、海軍恤兵係（部）も海軍軍事普及部の下部組織（実働部隊）であっただろうことが、『戰線文庫』の奥付、慰問文集等で推測できる。

京都大学教授・佐藤卓己《さとうたくみ》によれば、「攻勢的な宣伝体制の整備が第一次大戦期にある」として、「一九一七年に外務省は臨時調査部官制を公布し、一九二一年には情報部を設置

図⑧　陸軍省組織概念図

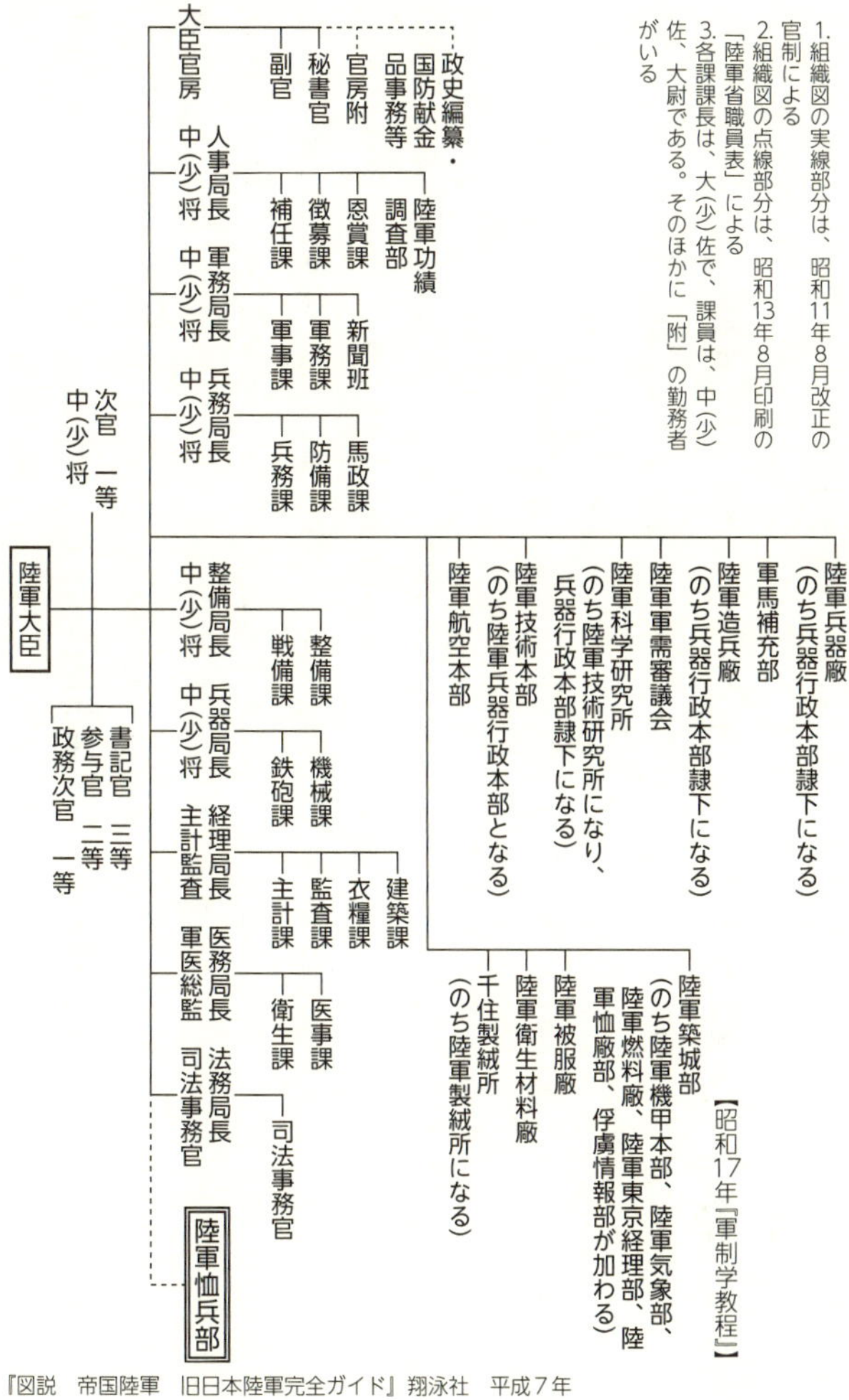

1.組織図の実線部分は、昭和11年8月改正の官制による
2.組織図の点線部分は、昭和13年8月印刷の「陸軍省職員表」による
3.各課課長は、大(少)佐で、課員は、中(少)佐、大尉である。そのほかに「附」の勤務者がいる

『図説　帝国陸軍　旧日本陸軍完全ガイド』翔泳社　平成７年

している。一九一九年には陸軍省大臣官房に情報係が置かれ、一九二〇年に陸軍省新聞班へ昇格している。海軍省でも一九二三年には軍縮問題などで国民世論への働きかけを強化すべく海軍軍事普及委員会（一九三二年海軍軍事普及部に改組）が組織された」（『岩波講座　アジア・太平洋戦争3』所収「連続する情報戦争」岩波書店　平成一八年）と、「情報」「国民世論の働きかけ」に陸軍大臣官房、海軍普及部が関係しているとしている。やはり、恤兵部、恤兵係の司令塔はこのあたりだったのだろうと推測する。

佐藤はまた同書で、「戦後の『陸軍悪玉論』から陸軍軍人の言説はファナティックな反動の象徴として論じられる傾向が強いが、広汎《こうはん》な国民が自主的に戦争協力することを最も必要としたのも陸軍である」

と述べ、昭和一三年、陸軍新聞班が情報部に昇格した際、初代情報部長に就任した清水《しみず》盛明《もりあき》大佐の次の言葉を紹介している。

「由来宣伝は強制的ではいけないのでありまして、楽しみながら不知不識の裡《うち》に自然に環境のなかに浸って啓発強化されて行くということにならなければいけないのであります」

（佐藤　前掲書）

清水の述べた「楽しみながら」「自然に環境のなかに浸って啓発強化されて行く」とは、

恤兵部が銃後に仕掛けた恤兵金や慰問袋を献納する方法と被ってくる。

ちなみに清水盛明は雑誌『恤兵』が装いを変え、大日本雄辯會講談社編集『陣中倶樂部』として再スタートを切ったリニューアル号に「『陣中倶樂部』に寄す」を発表し、新装を祝している。情報部と陸軍恤兵部との濃い関係性をうかがわせるものであろう。

一方、海軍は陸軍に比べて兵員数も少なく、組織が小さいことから、陸軍恤兵部のような専門機関を設置することはせずに、恤兵金は海軍省経理局が取り扱っていたことが、『戰線文庫』第三七号（昭和一六年一一月一日）で書かれている。これは作家・美川《みかわ》きよによる「海軍恤兵部の奥を伺う記」で明らかになったことだが、美川は海軍省に出向き、「経理局献金係」の岩間特務大佐に会い、ここで献金の受け取りを行っていることを知る。また、慰問袋や恤兵品は献品係に、恤兵絵葉書、写真、原稿の検閲は軍務局に、軍人、軍属の救恤、福祉、傷痍軍人の遺族の援護は人事課と、恤兵業務がいくつかの部署に分かれていることも理解する。

美川は「最後に恤兵部の総元締めの経理局第三課の広い室で課長の山本主計大佐と児玉主計少佐」と面談する。美川の言葉から、恤兵部が経理局に属していたと解釈してよいのだろう。

だが、海軍は正式には恤兵部と名乗らず、『戰線文庫』では、「恤兵係」で通している。「恤兵部」に昇格するのは、正確にはいつの時点か不明だが、『戰線文庫』第五八号（昭和一九年一月一日）の奥付では「監修・配布　海軍省恤兵部」に変えられている。

『戰線文庫』別冊の慰問文集『海の銃後』（昭和一五年一月一日）の巻頭には「海軍省恤兵係　海軍主計少佐　茶谷東海」「海軍軍事普及部　海軍中佐　高瀬五郎」が刊行の辞を執筆し、指導、監修にあたった旨が記されている。

高瀬の属する海軍省軍事普及部は、内閣直属の戦争に向けたプロパガンダ、世論形成機関である情報局（昭和一五年一二月発足）と、関連がある。そもそも情報局は内閣情報部、外務省情報部、陸軍省情報部、海軍省軍事普及部、内務省警保局検閲課、逓信省電務課等をひとつに統一化することを目標にした組織なのである。繰り返しになるが、陸軍恤兵部、海軍恤兵係の司令塔をたどれば、情報局に行きつくということになるのだろう。

## 恤兵に熱狂する民衆とメディア

昭和一二年七月七日、北京郊外の盧溝橋《ろこうきょう》付近で、夜間演習中の日本軍に対する発砲事件が起こり、日本軍と中国軍が激しく衝突した。これが、いわゆる盧溝橋事件だが、勃発を受けて新聞はすぐさま、戦況を苛烈に報じ、メディア各社の報道合戦が始まった。その結果、陸軍には国防献金や恤兵金、慰問品を届ける「たぎる愛国の熱情」を持った男女が押し寄せた。新聞各紙は連日、過去の恤兵報道の上をいく熱狂報道でこれに応えた。

七月一七日の『讀賣新聞』では、国民の赤誠は恤兵金品や慰問文となって、一六日朝から陸軍省恤兵部に殺到。受領場所を食堂に移し、恤兵部員が汗にまみれて大わらわになっている様子を伝えた。この日の昼までには、大正一二年以来毎月職員と生徒が貯めた八八円六〇銭をもった板橋区志村《しむら》尋常小学校の生徒の代表ふたりが校長とともに出頭。一日の合計が五二件一五〇〇円になった。

翌一八日の同紙の夕刊には「ターキー（引用者注：女優・水《みず》の江《え》瀧子《たきこ》）や橘《たちばな》屋《や》（引用者注：歌舞伎役者・市村《いちむら》羽左衛門《うざえもん》の屋号）露人まで飛出す　巷に展《ひら》く感激の幾シーン」と見出しが躍り、北支戦線の将兵へ送る国民の声援はますます高まり、街頭や陸軍省にそのほか至るところ今日も献金の雨、支那の気勢を突破して熱血の感激と赤誠が国挙げて銃後いっぱいに拡がったと報じている。

ついで、記事には「丸ビル前で繰り広げられた女学生たちによる愛国献金の募集風景」「恤兵部に駆け付けた老夫婦が首掛け財布から百円を差し出した話」「日本に亡命した白系ロシア人が、この国への恩義を返すのはいまだと感じ、警視庁に献金に来た話」など感激の美談が報じられている。

さらに、芸能人もこぞって献金する姿の写真が添えられている。日清日露時代の報道は文字だけの美挙報道だったが、それよりもビジュアルで訴えかけたのだから、読者へ与えるインパクトは大きい。

降り注ぐ献金

ターキーや橘屋
露人まで飛出す
巷に展く感激の幾シーン

寫眞說明

中村二等兵戰死

プール

今夜が

写真⑤　芸能人や女子高校生までもが献金のために恤兵部に押し寄せ、てんやわんやの騒ぎが展開された

まさに、恤兵部前で繰り広げられた、映画のシーンさながらの献金、いや、恤兵劇場の画像である。今日も見られる「若い女性」「高齢者」「アイドルタレント」を前面に押し出したテレビチャリティのシーンに似ている。

この「献金の嵐」をすでに予見したかのように、六月には賞勲局の褒章《ほうしょう》条例の改正が行われた。満州事変勃発以来陸海軍への各種の国防献金、恤兵金、慰問袋を贈った銃後の国民を表彰することとなった。とくに一〇円以上の私財を寄付した者に対しては、一律に賞勲局総裁からこれを表彰することになり、表彰対象者は陸軍だけでも三〇万人に上ったという。国民の戦争熱は過去の事例から、十分計算済みだったはずの軍部だが、この数字にはいささか驚きを隠せなかったに違いない。

以下、盧溝橋事件直後の恤兵関連記事の見出しを日付順に列挙していこう。恤兵の過熱化、いかに国民が戦争を熱狂して迎え入れていたか、また、そこにどうメディアが介在していたかを見るためである。恤兵関連の記事は新聞の三面、ないしは家庭面に掲載されることが多いが、恤兵金献納の記事と同じ紙面に自殺、心中の記事が載る。これが片や戦争に沸き、片や容易に抜け出せない貧困や社会格差に苦しんでいた当時の日本の世相であった。

・恤兵金や慰問袋等　街に高し愛国譜　続々と陸軍省へ（昭和一二年七月一三日）
・女工さん美挙　陸軍へ一〇〇円（昭和一二年七月一四日）
・一日に一五萬円　銃後の声援高まる（七月一五日）

・国民の胸は躍る　銃後の備え今や全《まった》し（七月一五日）
・北支へ送る真心　花売り五少女も　慰問袋募集強化へ（七月一六日）
・いざや銃後の護り　女学生二万を動員（七月一七日）
・青竹を持って　街頭献金運動（七月一七日）
・銃後の護り　武運長久の祈願　けさ明治神宮へ　愛婦と女中さん一行（七月二〇日）
・熱誠の出陣　北支へ初の積み出し（七月二一日）
・貧者の一燈　母と子　涙ぐましい献金風景（七月二四日）
・詩人連が熱血の歌　興行街も献金運動（七月二五日）
・交戦の飛報に　恤兵熱奔騰（七月二七日）
・赤誠は灼熱！海軍への献金殺到（七月三〇日）
・献納の恤兵金　どんどん戦地へ（八月二九日）
・千人針に感謝　戦死した斉木君（九月一一日）

## 恤兵金と国防献金

戦時中、軍隊に向けていろいろな種類の献金があった。そのなかでも、メインになっていたのは、国防献金と恤兵金である。では、国防献金とは何か。恤兵金との違いはどこにあるのだろうか。

こんな文章を紹介しよう。

海軍省恤兵係監修、興亜日本社が出版した『銃後赤誠譜』（昭和一六年）には、「恤兵金と国防献金との相違」に触れている文章がある。

海軍に献金に訪れた少女と海軍省の献金係（恤兵係）との会話である。

係員は国防費と恤兵金の違いを尋ねる少女にこう説明する。

「国防費とは兵器、つまり大砲の弾丸とか軍艦とかを造るのに用い、恤兵費は戦線将兵の慰問や銃後遺家族の援護などに費います。また、この恤兵費で雑誌を出したり、娯楽の方法を講じたりします。傷病兵の慰問なども勿論《もちろん》この中からなされるのです」（中略）「一般に国防献金と恤兵金とを一緒にして、単に国防献金と云われる場合が多いようだが、海軍の方では、国防献金よりも恤兵金の方を喜んでいただいている」と述べる。

では、「恤兵金の方を喜んでいただいている」とは、どんな理由によるのだろうか。

「恤兵品は当局の必要と考えている時期に品種、数量を必要なだけ戴くということは甚だ困難だ。どうしても金を以て当局がこれを調整しなければならない。また、病院の施設費、職業教育費、災害見舞金、遺族弔慰金《ちょういきん》等、品物ではその用に添いにくい。これが恤兵金を必要とするわけだ」と、もっともな回答が返ってくる。

さらに、飛行機などを購入する費用に充てる国防献金とは違って、恤兵金は軍隊の予算には計上されない、それが国防献金との大きな違いである。「軍隊の予算に計上されない」「政府予算には入らない」という文言は、恤兵監が恤兵を語るときに使われる常套句《じょうとうく》である。だからこそ、国民からの恤兵金が欲しいという文脈にはならないはずなのだが、それが彼の後ろに控える軍部の理屈であり、本音だったのだろう。

献金係に国防献金と恤兵金の違いを問うた少女は、恤兵監から説明を受け、美しい頬を一層紅潮させて、「私は恤兵金の方にしていただきたいと存じます。それから、毎月慰問袋を出させていただきます」と答える。

一年後、少女から係員の元に手紙が来る。

略　去年、御省に参りました折、これから毎月慰問袋を出させていただきますと御約束いたし乍《なが》ら、お恥しくもいつかな実行し得ぬままに日が去って、叉新たなる祝日（第四回紀元節）。この日こそ必ず慰問袋をと覚悟いたしておりましたのに、学業をひかえ職業を持つ身の寸暇も無き有様にて、つい実行致しかねました。一個二円の慰問袋と致しますと本当にささやかなものでございますが、ここに一金二四円ございます。それに少々小遣を加えまして一金二五円、誠に些少《さしょう》ではございますが、前線将兵様への慰問にお当てくださいませ。

と、結末は前線将兵への慰問となる。

「恤兵美談」には決まったパターンがあって、この少女の逸話は典型的な例である。同様な筋運びを見ると、恤兵美談専門の作家やいまでいうコピーライターがついていたのだろうかと憶測も生じる。美談づくりに共通するコンセプトは「国民の戦争熱を消すな」であろうか。

## 恤兵美談の乱発

そこで、恤兵金を集めるために、様々な手段を講じることとなる。そのひとつが新聞、雑誌に掲載された、恤兵美談の乱発である。

恤兵美談は「恤兵佳話」とも書かれ、主人公が貧困、苦境のなかから、どのように努力をして恤兵金を捻出し、恤兵部の窓口に届けたか、ただ、それだけの極めてシンプルな物語に仕立てられている。

日清日露戦争時代では先に触れたように、「恤兵美挙」と名付けられ、新聞を通して、盛んに量産されていた。

『朝日新聞』は当時と趣旨は同じコラム、「貧者の一燈」を載せて、恤兵を後押しした。

昭和版「貧者の一燈」（『朝日新聞』昭和一二年七月二四日）とはこんな内容である。

陸軍省恤兵係のもとへ、深川一泊所に宿泊している三名が出頭して「僅かばかりですが」と二一円六八銭を差し出す。事情を聞けば、この金は無料宿泊所に泊まっている四五一名が北支の急を知って「俺たちも日本人だ」と集めた零細な金であった。

まさに苦しいなかから捻出した、「貧者の一燈」であった。

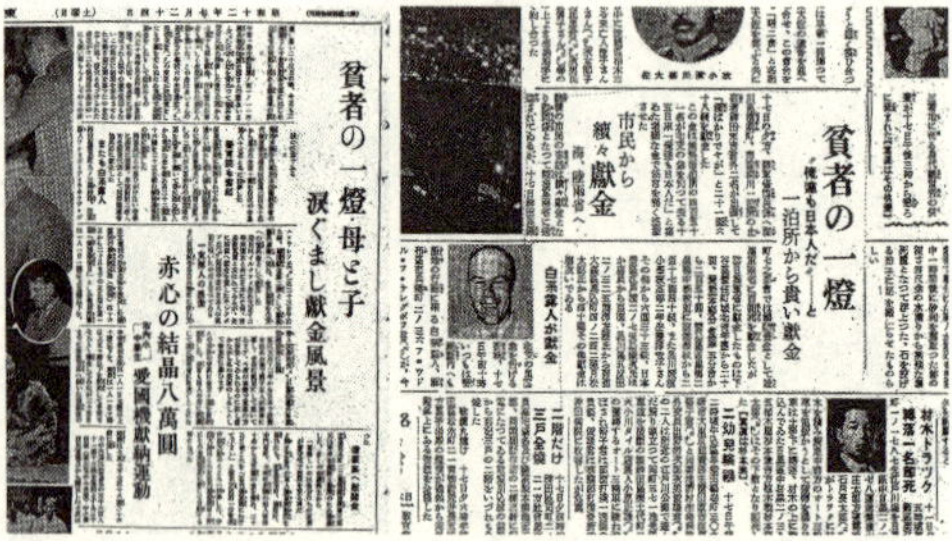
貧者の一燈
"俺達も日本人だ"と
一泊所から貰い献金
市民から
續々獻金
白系露人が獻金
貧者の一燈 母と子
涙ぐまし獻金風景
赤心の結晶八萬圓
愛國機獻納運動

写真⑥　新聞は貧しい者、社会的地位が低い者を「貧者」と呼び、彼らが献金に押しかける様を報じ、恤兵熱を煽った

図⑨　軍事費と実質GNP

| | 軍事費（100万円） | 1人あたり総支出（実質GNP、円） |
|---|---|---|
| 昭和12年 | 3441 | 282.44 |
| 昭和13年 | 6214 | 284.07 |
| 昭和14年 | 6769 | 307.57 |
| 昭和15年 | 8247 | 312.50 |

橋本寿朗『現代日本経済史』岩波書店　平成12年

しかし、ここで疑問が生じる。国民は全体的に眺めて、そんなに貧しかったか。

橋本寿朗《はしもとじゅろう》は「日中戦争の拡大によって軍事費は膨張したものの、国民経済の規模も拡大している」として、根拠になる表（図⑨）を示す（『現代日本経済史』岩波書店　平成一二年）。

戦争が開始して以来、軍需産業を中心とする労働需要は高まり、それに伴って人手が必要なことから、「完全雇用」が進みつつあった。労働者の賃金は上昇し、これは農民も同様で、農家は戦時下であるにもかかわらず、米の売り惜しみができる程度の自立性を獲得していた。つまりは、軍需景気の恩恵を受け、日本全体の経済状態は好調だったのである。

## いまも残る恤兵ポスター

恤兵の広報活動はメディアに限定されてはいない。むしろ、広範囲に恤兵の活動を人々に知らしめる方法としてポスターが制作された。例えば、昭和一六年、陸軍省松本聯隊《れんたい》区司令部は陸軍記念日に際して、恤兵金品募集を目的にしたポスター三点一二〇〇枚を作り、県内に配布した。それが、「恤兵明日ノ戦闘必勝ハ今日ノ銃後ノ力ヨリ」「恤兵金品寄附受付　銃後篤志家恤兵金品寄附」「恤兵金品使用経過」のポスター（写真⑦）である。

青梅市立美術館学芸員・田島奈都子《たじまなつこ》の『プロパガンダポスターにみる日本の戦争　135枚が映し出す真実』（勉誠出版　平成二八年）によれば、これらのポスターは昭和一二年から昭和二〇年にかけて長野県阿智村《あちむら》の前身にあたる会地村《おうちむら》で村長を務めた原弘平《はらこうへい》氏によって保管されたものの一部である。

終戦後、GHQからの追及を恐れ、多くのプロパガンダポスターに焼却命令が下されたが、原氏

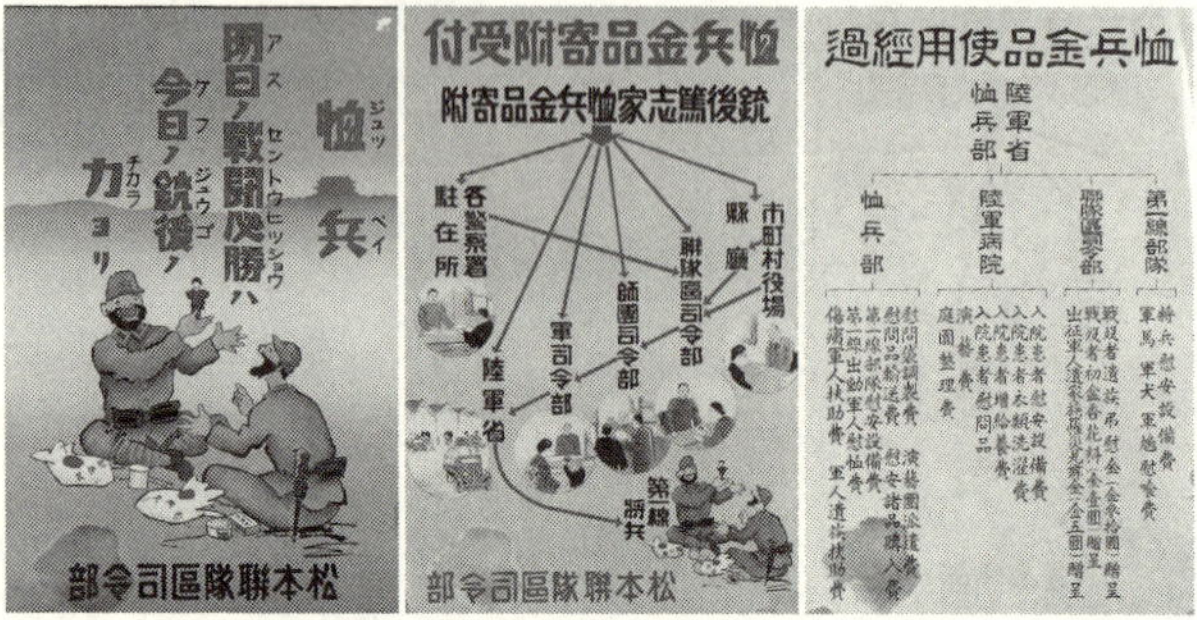


写真⑦　長野県阿智村から発見された135枚の戦時中プロパガンダポスターにも恤兵献金品を促す3枚があった。左：恤兵のスローガンが刷り込まれている、中：恤兵金品の受付所を示している、右：恤兵金品がどのように使われるかを図示

は手元にあったポスターを油紙に包んで、自宅土蔵の天井の梁《はり》の裏に隠し続けたという。彼は「平和なときが来たら、後世の人にポスターのことを伝えなさい」と三男に述べ、「負の遺産」を託した。長男と多くの村民を満州に送り出していた原氏にとって、葛藤を乗り越えての決断だった。

その現存する貴重なポスターのなかに、恤兵関連のポスターが含まれていたのである。昭和一六年はさらなる恤兵が促され、メディアに恤兵情報が氾濫した時期で、当時の日本の総人口を超えていたほどの数量が製作されたポスター。それらがもたらした国民への影響力は計り知れないものがあったと推測する。

写真⑦左のポスターは慰問袋を開け、人形を手に取って喜ぶ兵士たちだが、描かれている人形、缶詰、箱入りのキャラメルと思しき慰問品は恤兵部が推奨する品々である。絵柄の細部にわたって、発注先の指示が及んでいることを感じさせる。

髭《ひげ》をたくわえた兵士をキャラクターにした漫画風のイラスト、文字にフリガナが付けられているのをみると、子供をも閲覧対象に想定しているのだろう。

写真⑦中は恤兵金品がどのような経路をたどりながら、兵士の元に到着するのかを示している。写真⑦右は、恤兵金品が第一線部隊、聯隊区司令部、陸軍病院、恤兵部に分配され、何に使われるか、用途を表している。これら写真⑦の三枚で恤兵の行為の重要性を訴えていると思われる。

満州事変から丁度一〇年、兵士から死者、病人も続出し、それに伴い遺族も増加している。そのなかで、恤兵部は当初の兵士の慰問、慰安のための物品供給はもちろんのこと、ほかの多くの業務をカバーしなければならなくなっていったのだろう。

これらのポスターは恤兵金品が陸軍省恤兵部に届く前の取次先に当たる「市町村役場、聯合分会長、国防婦人会長、警察署長」に渡され、配布するように伝えられた。それ以外には人々が多く集まる商店にも掲示された。

## 商戦炸裂。デパートの慰問品売り場

恤兵金と並んで、恤兵部が強く推し進めていたものは、慰問袋の献納である。慰問袋は日露戦争開始直後、キリスト教系の婦人矯風会が主に運動として取り組んできたが、愛国婦人会、大日本国防婦人会などが加わって拡がっていった。日中戦争の開始以来、慰問袋の献納数は恤兵金と同様に急上昇した。晒《さらし》を縫って作られた慰問袋には手紙、お守り、薬品、煙草、雑誌など、兵士の喜びそうな品々が詰められていた。

昭和一二年二月一八日の『朝日新聞』には「銃後の贈物」と見出しがあり、慰問袋が予定の七〇〇〇個を遥かに突破して一万五〇〇〇個も集まったので、郷軍や国防婦人会の手によって荷造りがされ、汐留《しおどめ》駅から戦地に発送されるとの記事が載る。

通常、慰問袋は市町村の長が預かり、恤兵部に申込書を提出し、内容を点検されてから、陸軍の倉庫に発送される。そこから、現地に輸送されることになる。送料は無料で、数には制限は設けられなかったが、個人を指定することはできなかった。企業などから提供される大口の慰問袋は、特定の部隊を指定できるという措置がなされたので、提供が相次いだ。

早速、慰問袋の需要に目をつけたデパートでは、昭和一二年頃から、調整した慰問袋を販売するようになる。

「澎湃《ほうはい》たる将兵慰問の声。先ず白木屋《しろきや》にご相談ください。　陸海軍将兵　慰問袋　御調整申し上げます」（『朝日新聞』昭和一二年七月二一日）

老舗《しにせ》の白木屋ばかりか、上野松坂屋の広告では、「戦線の皇軍へ　感謝の慰問袋を」とキャッチコピーが付けられ、なかに入れる品名と値段が紹介されている。（『朝日新聞』昭

和一四年七月四日）

ドロップ二十五銭、羊羹《ようかん》十八銭、コーヒー二十八銭、バタピーナッツ十八銭、海苔《のり》佃《つくだ》煮《に》二十銭、福神漬二十銭、でんぶ二十三銭、みかん二十銭、林檎《りんご》三十五銭、銘酒六十五銭、銘茶三十銭、褌《ふんどし》二十三銭、陣中蚊帳《かや》四十五銭、日の丸扇子十八銭、クレープシャツ一円三十銭、靴下二十三銭

これ以外にも中身を見繕《みつくろ》ってすでに封入済みの「慰問袋セット」も現れる。松（高級品セット詰め）、竹（普通品セット詰め）、梅（廉価品セット詰め）と値段別に分かれ、「気持ちはあるものの、どのようなものを詰めたらよいかわからない」「できれば、お金を掛けずに手軽に送りたい」等の銃後の声を反映したものになっている。この頃、流行の最先端を行く各デパートでは、まるで恤兵部御用達店に様変わりしたかのようなシーンが展開されていたわけである。例えば、上野松坂屋は慰問品売り場を中二階と四階に設置し、恤兵のためにかなりのスペースを割いている。

昭和一四年には、松屋から袋入りの千人針セット、「戦線と銃後をむすぶ千人針」（一袋三八銭）が発売された。虎は千里を走るといういわれがあることから、虎を印刷した晒し木綿に赤い糸、針が詰められている。糸がびっしりと縫い込まれた布にはノミが付きやす

いので、防虫処理が施されていた。

　昭和一五年正月には、三越も参入し、日本橋本店、新宿、銀座各店で「皇軍慰問品売り場」を開設して初売りを行った。美しい女性店員が販売する慰問袋は飛ぶように売れたという。だが、相手を思いながら作る慰問袋と、既製品のそれとは、おのずと受け取った兵士側の感動も異なり、兵士から失望と不満の声が続出するようになる。

## 慰問袋作成、女学生の手で

　慰問袋が兵士に与える効果に注目した恤兵部は北支駐屯軍慰問のために、都下の女学生二万名に恤兵金を配分し、慰問袋を作らせるという作戦に出る。既製品よりは、可愛い女

写真⑧　都内のデパートでは、慰問袋の会を催し、連日多くの客で賑わった（『戦線文庫』第22号）

学生の手製が喜ばれるとの判断であろう。恤兵部が彼女たちに要求したのは、約四万個の慰問袋を二日間で制作し、学校に持参させるという、強硬なものであった。

慰問袋の中身について以下の注意書きまで発行する念の入れようである。輸送に長期間かかるため、劣化しやすい物、匂いのつく物については、瓶詰や缶入を指定している。

一、慰問文、慰問書（手芸品及び小、女学生等の作品）、名刺等
一、絵葉書、優美なる写真等
一、講談、娯楽雑誌、新聞（最近のもの）等
一、缶詰類
一、菓子類（氷砂糖類、角砂糖、甘納豆、キャラメル、ドロップ類、何《いず》れも瓶入りのもの）
一、味付け海苔、豆類は丈夫なる缶入りのもの
一、褌類、ハンカチ、タオル、奉公袋のようなもの
一、便箋、封筒等、鉛筆（ゴム付黒）、色鉛筆（赤、青）手帳、懐中用ナイフ（小）、仁丹、トクホン（缶入）等

最後には、

「（中身は）何品でも結構です。要するに将兵の最も喜ぶのは品物の多寡《たか》、高価ではなく寄贈者の熱意であります。慰問文は最も喜ばれます。名刺、写真、手芸品、其《そ》の他記念品として永く残り得るものは最も結構であります」と、寄贈者の真心のこもったものが良いと書かれていた。

女学生に敢えて作らせたのは、大部分が異性に淡い恋心を抱く、年頃の兵士に贈るものだったからだろう。しかし、彼女たちの愛らしい激励の向こう側には、当然、そのことによって、兵士の戦意を駆り立てたいという軍部の意図も含まれていた。

## 色街の女が妄想を掻き立てる

兵士に異性からの激励が効果を及ぼすと見込んだか、女性の献金状況が新聞で大々的に、報じられる。なかでも、人目を引くのはやはり、艶《つや》っぽい女性たちの献納風景だ。

熱意に燃え立った老若男女で溢れる恤兵部前の急設テント前には女給さん達の艶姿《あですがた》も加えて感激をあとからあとから展開していた。（『朝日新聞』昭和一二年七月一七日）

女給さんたちの次は名門出の喫茶ガールが作った慰問袋が顔写真付きで紹介される。

「毎日の新聞で満州の兵隊さんの奮闘を見てジッとして居られず、僅かなものですが私たちの心を区役所を通じて兵隊さんに伝えて欲しい」と、彼女は友人と連れ立って淀橋《よどばし》区役所兵事係に慰問袋一〇個を持参した。

東京ばかりか、京都の舞子が慰問袋を作る様子までも、雑誌に登場することになる。

『姐《ねえ》さん、わて暇どすさかえ、慰問袋縫いまほー』『おおきにー頼みまっせ』（略）自動車代を、紅代《べにだい》を、夜食のニギリ寿司を倹約して、タオルを、石鹸《せっけん》を、氷砂糖をーと、殊勝な心遣《や》り嬉しい慰問袋の五個、十個。彼女たちの肩にかかった、国防婦人会の白襷《しろたすき》もしっくり板についてきました。（略）兵隊さん、こんど京都から慰問袋が行ったら、気をつけてごらんください。この妓、たしか写真を入れた筈《はず》ですぞ。（慰問雑誌『戰線文庫』創刊号　昭和一三年九月一〇日）

慰問雑誌『戰線文庫』の内容については後述する。

舞子の文は兵士にほのかな期待を抱かせて終わっている。兵士たちは送り主の顔を想像しながら、慰問袋の封を解き、したためられた慰問文を貪るように読んだ。送り手が日本の古都に住む、だらりの帯を締めた、可憐《かれん》な舞子だとしたら、妄想は止まらなくなるかもしれない。

この例が示すように、舞子は古き良き日本の文化を体現する存在、兵士の愛国心を呼び起こす存在として、兵士の戦意高揚に利用された。

昭和一六年には、国防婦人会祇園《ぎおん》分室に属する舞子が軍用機「第一祇園甲号」「第二祇園甲号」の二機を海軍省に献納し、その初飛行が行われるニュースが世間を騒がせた。舞子たちは花束を持って、操縦桿《そうじゅうかん》を握る兵士の元に駆け付けたのだ。

『戰線文庫』には、軍用機の模型を手にする舞子の表紙が使われ、誌面では、舞子と軍関係者の座談会まで組まれた。（『戰線文庫』第三二号　昭和

写真⑨　『戰線文庫』第32号
表紙は舞子が軍用機の模型を持って微笑む

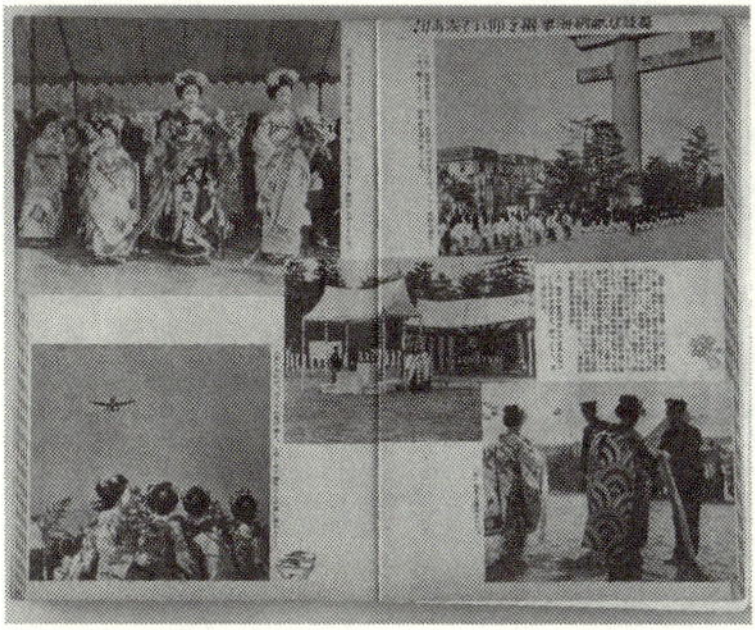
写真⑩　「あれがわてらの飛行機よ」と涙ぐむ舞子たち

一六年六月一日）

可憐な舞子と並んで、戦地の要望が多かったのは、日本髪を結った芸者の表象である。同じく、『戰線文庫』を見てみると、グラビア頁の最後に恤兵監と献金に訪れた美女たちが向かい合う写真が多いが、第四号（昭和一三年一二月一三日）の「海軍省を訪れた麗人献金部隊」では帝都霞町《かすみちょう》で働くふたりの「一流の名妓」が応接に出た主計の大佐とにこやかに談笑しているものである（写真⑪）。

名妓いわく、「いままでしきたりのなかで行われていた、お歳暮代わりの御祝儀を廃止して、それをそのまま海軍省へ献金したら、もっとお国の為になるかとかねがね考えておりまして（略）これから朋輩《ほうはい》衆にも話して、もっと沢山《たくさん》の献金者を募って、また献金に伺おうと存じております」と、殊勝に答えている。

写真⑪　花街の芸者も恤兵部を訪れた。愛想よく応対する海軍省主計大佐。彼女たちの姿はメディアに報道され、恤兵部のPRになった（『戰線文庫』）

恤兵の歴史を改めて振り返ると、日清戦争の頃から太平洋戦争まで、長き戦争の時代を通して、女性性が軍部の広報宣伝の素材として多様に使われている。加えて、そこに美談がセットされて、国内に、戦地に粗製乱造されて送られていることが指摘できる。どれだけ、女性にとって人間性を踏みにじられた、暗黒の時代だったことか、恤兵を軸に、さらには恤兵部を軸に、改めて戦争と女性を考える必要を感じる。

## 銃後の赤誠にかけて減らすな慰問袋

昭和一三年七月、『朝日新聞』にこんな記事が載る。

今度、私の出張で、最も感じたのは、慰問袋が非常に少なくなったことで、別に贅沢《ぜいたく》なものはいらないから慰問激励の手紙を添えて銃後から送ってもらったらどんなにか将兵の士気が上がると思う。（『朝日新聞』昭和一三年七月一〇日）

これは、海軍省軍事普及部の少佐が中支戦線視察のため、上海から揚子江上流の前線に行き、「目の当たりに皇軍の活動ぶりをみて還ってきた」、いわば、出張報告である。

すると、ほぼ一か月後にさらに銃後に警告を発するような第二弾が出る。

銃後の赤誠にかけて　減らすな慰問袋　慰問袋が近頃減ったようだが、どうしたことか――戦線から帰って来られる将兵達は決まってこのように嘆いていられるという事です。銃後の国民として、厳しい叱責と言わねばなりますまい。(『朝日新聞』昭和一三年八月三日)

日中戦争が始まった直後、国民は恤兵熱に浮かされたかの如く、雪崩《なだれ》を起こして海軍恤兵部の門に押しかけてきた。新聞も毎日、関東軍の快進撃の様子をセンセーショナルに書き立てたが、戦況にも動きが見られなくなってくると、献納に来た人影も沈静化に向かった。日清、日露もそうだった。良くも悪くも熱しやすく、冷めやすい国民性がよく表れている。だからこそ、恤兵部は臨時にオープンしクローズする、便利な、いや、好都合な窓口として機能してきたのだ。

## 漢口陥落で盛り返す恤兵

慰問袋の減少を食い止めるのは、やはり、戦果を挙げ、国民に戦争支援を呼びかけるしかない。そのことを証明するようなニュースが突然、飛び込んでくる。

わが軍は本二十七日午後六時三十分陸海協力残敵を掃蕩《そうとう》し武漢三鎮《ぶかんさんちん》を完全に攻略せり。

大本営陸海軍部の発表と同時に、国民の間から嵐のような大歓声が上がった。

武漢三鎮とは揚子江河口から九六〇キロメートル上流の漢口《かんこう》、漢陽《かんよう》、武昌《ぶしょう》の三地域を指し、中心となる漢口は上海に次ぐ中国第二の貿易港であり、工業都市として発展していた。この頃には、蔣介石《しょうかいせき》が武昌に国民政府軍事委員会を置いたため、武漢地域が首都の役目を果たしていた。日本軍は中国の要であるその武漢を陥落させたのである。

日中戦争最大の作戦となった武漢作戦は日本の国力を傾けたものだっただけに、銃後の喜びも頂点に達した。

東京の市民約二万人は戦勝気分に酔いしれ、列をなし、万歳の声をあげながら、宮城前や陸海軍省を目指して、提灯を手に行進を始めている。

いち早く号外を出した『朝日新聞』は、「漢口の空にも響け　萬歳・全国に爆発　帝都は祝賀の火の海」と書き、大きく報じた。写真⑫は歓呼の声が聞こえてきそうな二重橋前の提灯行列風景である。その写真の傍には乾杯の盃をあげる板垣陸相、佐藤情報部長の陸軍勢と米内海相、山本次官、野田少将の海軍勢が勢ぞろいしている。

　なんと言う「世紀の軍歌」であろうか。わけて帝都では陥落サイレンと共に物凄《ものすご》い歓喜が炸《さく》裂《れつ》する、じりじり一日待ちこがれていたこの公報に今まで、口元までに溢れていた萬々歳は街頭に家庭に歓喜の夜を現出した。（『朝日新聞』昭和一三年一〇月二八日）

海軍慰問雑誌『戦線文庫』第三号（昭和一三年一一月三〇日）では、グラビアに満面の笑みを浮かべる銀幕の名花を次々に登場させ、兵士の労を

漢口の空にも響け
萬歳·全國に爆發
帝都は祝賀の火の海
聖將の像も微笑む
米内海相感慨の一聲
街に世紀の勝鬨
眉をあぐ陸

写真⑫　祝賀に沸く提灯行列風景　『朝日新聞』昭和13年10月28日

称えた。

とうとう、とうとう漢口が陥ちましたのね。なんという感激でしょう。私も一人の兄を戦地へ送って、どんなにか今日の喜びを待ちつくしましたろうか。兵隊さん、お留守の後はきっときっと守ります。どうぞ、どこまでも攻め、どこまでも勝ってくださいね。ひどい寒さが来るといいます。お体にお気をつけになって。（水の江瀧子　松竹少女歌劇団）

私は、漢口陥落ときいて、海軍の皆様の苦労の成功を思い、思わず涙をしました。……長江の遡江《そこう》戦、中南支の敵前上陸、ただただ驚嘆し、感激するばかりでございます。（李香蘭《りこうらん》　満映）

海軍のみな様、ほんとうにほんとうに有難う。ご奮闘の甲斐あって、ついに漢口・広東が陥落しましたのね。わたしたちは今日の喜びを迎えて、今更なんと言ってお礼を申し上げてよいやら、分かりません。ただただもう、じっとしておれない感激に、熱い涙を覚えるばかりでございます。でも、戦争はまだこれからですとか、御苦労のほど拝察しましては、胸もつぶれる思いですが、どうぞますますお元気で、お働きのほど蔭なが

ら、お祈り申し上げております。（高杉早苗《たかすぎさなえ》　松竹）
ああ、叉旗行列の波が萬歳を叫んで通ります。みなさまの上を思っては、私も毎日銃後の勤めに、叉撮影に心をひきしめてはくらしております。私たちは何という幸せ者でしょうか、みな様の強いお腕に守られて、こうして安穏に朝夕を送っておられるのですもの。どうぞ、どうぞお元気に、海軍のみなさま。（高峰三枝子《たかみねみえこ》　松竹）
広東、漢口陥落して、蔣介石は更に奥地に抗日の戦いを挑みますとか、思うだにみなさまのご苦闘のほどが察せられ、胸をうずかせます。一人一人の方々に、小さな胸に燃え上がるこの感謝と感激の

写真⑬　恤兵係を訪れた女優・古川登美（左）。旭日旗を持つ李香蘭（右）

写真⑭　水の江瀧子（左）と高杉早苗（右）

思いを述べさせて戴きたく存じますが、それもかなわず、せめてはと誌上を借りて一言熱い心の端を記させていただきました。どうぞみなさま、寒さに向かいます故、お体おいといくださいませ。（山《やま》田《だ》五十鈴《いすず》　東宝）

写真⑮　人気女優・高峰三枝子も海軍へ激励を送る

『戦線文庫　漢口広東陥落記念号』では、このように、グラビア、モノクロ頁合わせ、総勢一七名の人気女優、歌手が満面の笑顔で登場し、あらん限りの声を振り絞って「皇軍万歳！」と叫んでいた。誌面でおなじみの吉川英治《よしかわえいじ》、菊池寛《きくちかん》ら作家たちの祝辞も掲載された。だが、歓声の陰で、戦況をあやぶむ声も聞こえてくる。二八日の『朝日新聞』は提灯行列の波を報じながら、現地陸海軍当局談話として「前途尚遠し」を伝えている。

写真⑯　感謝感激ですと、山田五十鈴（右）

祝賀行列は宮城前より三宅坂に亘《わた》り昼夜に充満す。歓呼萬歳の声も、戦争指導当局の耳には徒《いたずら》に哀調を留め、旗行列どこへ行くかを危ぶむまし。

同じく、参謀本部戦争指導班の堀部一雄少佐も不安の声を漏らしている。

実際、派手な報道と人々の狂喜乱舞の様は前線で戦う軍部の心情とはかけ離れていた。現実には、日本軍は武漢を圧倒的戦闘力で占拠したものの、蓋をあけてみれば、中国軍主力はすでに退去した後だったという、皮肉な結果を迎えていたのである。加えて、同時に広東作戦も進行していたため、陸軍は総兵力を中国戦線に投入して国内は近衛師団と第十一師団のみになり、戦線はいたずらに拡大してしまっていた。

国民党政府の党首・蔣介石は『全軍官民に告ぐる書』を発表し、民衆に戦争が新たな段階に来たことを告げ、長期持久抗戦を呼びかけた。粘り強い中国軍と比較して、日本軍は持久戦になれば、兵力的にも戦略的にも立ちいかなくなる。

昭和一二年まで参謀本部で作戦を指揮していた石原莞爾は戦列から離れた後に、警告をこめてこう述懐している。「陸大では指揮官として戦術教育の方は磨かれて居りますが、持久戦指導の基礎知識に乏しく、つまり決戦戦争はできても持久戦争は指導し得ない」

提灯行列に賭けた国民の早期終結の願いとは裏腹に、日本軍は以後、銃後をも巻き込み、石原が不安視した長期戦にまっしぐらに突っ込んでいくことになる。

## 傷痍軍人の慰恤

昭和一四年一二月の時点で、日本陸軍が中国に派遣していたのは二五師団約八五万人、戦死者は太平洋戦争開戦までに一八万五〇〇〇人を超え、戦傷者は三二万五〇〇〇人を数えた。

この結果を踏まえると、日中戦争は日本がそれまで経験したなかで、最も規模が大きく、最も犠牲の大きな戦争だったといえる。昭和一七年、日増しに増える戦死戦傷者の数を受け、海軍省武井経理局長から、改めて、国民に恤兵金の使途が報告された。

それによると、恤兵金は第一に兵士の慰恤に使われるが、第二には傷痍軍人の娯楽施設費、職業再教育費として支出される。第三には出征兵の遺家族の弔慰にも支弁される。また、恤兵金で経営している家族病院があるが、これに対しては、約五〇万円を支出しているとある。

家族病院とは、兵士の妻子が病気になったとき、安心して「ご奉公できる」よう、各方面からの同情による、多額の恤兵献金によって、建てられたものである。これは海軍の下士官があまりにも給料が安いので、病める家族への対策にも恤兵金が活用された例である。

他方、兵士慰問よりも遺家族慰問が第一だと知人たちから多額の恤兵金を集め、それを目的に献納する篤志家も出現した。彼が自発的に動いたのは、在満兵士にとって一番嬉しいのは自分たちの家族が慰問を受けるときだと聞いたからであった。

戦争の長期化が銃後の不安と負担を大きくしていったのだから、本来、慰恤が目的である恤兵金の使い途が広範にわたっていくのは当然のことだろう。国民が持ち込んだ恤兵金だからこそ、戦地、銃後の隔たりなく、広く国民全体に有効活用してこそ意味がある。

だが、本来、「社会の木鐸《ぼくたく》」であり、民意を反映する機関であるべき新聞は、いぜん第一の使途にこだわり続ける。「沸る赤誠二億円突破　お願いしたい勇士の喜ぶ慰問袋」と強気な報道一辺倒である。(『朝日新聞』　昭和一七年二月八日)

ほぼ毎日、ラジオ、新聞を通して行われるこのような恤兵献金発表は、「皇軍の赫々《かっかく》たる戦果」と、誇大発表に傾いた大本営発表とどこか似ていて、銃後の現実との乖離《かいり》が広がっている。

# 第三章　恤兵部が仕掛けた
# アイドル動員の戦地慰問

## 命を国に捧げた慰問団の活躍

恤兵部は献金に訪れる老若男女を相手にしたと同時に、兵士たちの憧憬《しょうけい》の的、芸能界の人気者による戦地慰問にも力を注いだ。殺伐とした兵士の心を潤し、癒《いや》すのは、娯楽、そのなかでも一流の漫才師や落語家の面々と、美しく性的魅力に溢れた、これも一流の女性スター、女性アイドルが最大限の効果を発揮すると見込んでのことだった。

恤兵部がこうした大衆の支持絶大の人気者を戦地慰問に活用していったのは、日露戦争時にも例があるものの、本格化したのは、日中戦争開始の頃からである。

まさに、慰問専門・芸能プロダクション「恤兵部」が旗揚げしたのである。

なかでも、最も成功した例としては、昭和一三年一月、東京朝日新聞社が吉本興業と協力して漫才師や落語家で構成された、お笑いの慰問団「わらわし隊」を北支、中支に派遣したことだろう。

『朝日新聞』と吉本が手を組んだのは、これが二回目である。一回目は満州事変が始まった昭和六年一二月、漫才の横山《よこやま》エンタツ、花菱《はなびし》アチャコ、講談の神田山陽《かんださんよう》、漫談の花月亭《かげってい》九里丸《くりまる》が皇軍慰問団を結成し、満州駐留軍の前で爆笑を誘った。

第一回目の成功体験を踏まえ、第二回目は事前に「戦線へ初春の慰問団」と目を引く見出しを付けて、大々的に告知した。

輝く昭和十三年、皇威いよいよ東亜の天地にあまねき（略）本社が全国民より出征皇軍慰問のため、寄託された資金は目下約三十二万円の巨額に達しているが、（略）今回右皇軍慰問資金の一部をもって更に軍当局の援助を得て北支戦線および中支戦線に左の通り慰問映写班ならびに慰問演芸班を派遣することに決定。（『朝日新聞』昭和一三年一月五日）

端的にいえば、国民が貯め込み、恤兵部に持ち込んだ献金が資金ベースになって、お笑い軍団を戦地に送り込んだのである。つまりスポンサーは国民ということになる。

慰問団の名前「わらわし隊」は、日本軍の航空隊「荒鷲隊《あらわしたい》」をもじったもので、吉本サイドが考えたといわれている。言い得て妙、吉本はこの頃から大衆の笑いのツボを心得ていたようだ。

「わらわし隊」は落語家の柳家金語楼《やなぎやきんごろう》を部隊長に、北支班は柳家金語楼、花菱アチャコ、千歳家今男《ちとせやいまお》、柳家三亀松《やなぎやみきまつ》、京山若丸《きょうやまわかまる》、仲沢清太郎《なかざわせいたろう》ら六名、中支班は石田一松《いしだいちまつ》、横山エンタツ、杉浦《すぎうら》エノスケ、玉松一郎《たままついちろう》、ミスワカナ、神田ろ山ら同じく六名が選出された。中支班には、吉本興業中興の祖といわれた林正之助《はやししょうのすけ》が監督兼マネージャー役として加わり、人気者一行は一月、客船「扶桑丸《ふそうまる》」に乗り込んだ。

「破れるような萬歳を浴びながら神妙に『陣中演芸慰問の重大使命を果たしてまいりますツ』と挙手の礼をして出帆」(『朝日新聞』昭和一三年一月一六日)した一行は各地で大歓迎を受ける。

彼らはどんな様子で慰問の旅を続けたのか。旗を振って、万歳の声で見送った国民はその行方が当然気になる。『朝日新聞』は連日、続報を出し、彼らの動きをフォローした。

南京《なんきん》、蕪湖《ぶこ》、鎮江《ちんこう》……、わらわし隊は「滅茶苦茶に爆笑嵐の如く」、ついに杭州《こうしゅう》に到着した。

(二月)四日来杭州一流の映画劇場聯華大戯院で昼夜ぶっ通し三回の大熱演、どっと来る物凄《ものすご》い哄笑《こうしょう》、爆笑の大嵐にコンクリートの壁土がばらばらと落ちて来るという熱狂ぶりだった。(『朝日新聞』昭和一三年二月七日)

記事の隣には、わらわし隊に同行した朝日新聞映画班談として、「物凄いもて方で千名を入れる杭州の一流映画劇場聯華大戯院はここ十日間連夜割れる様な盛況である」というコメントが報告されている。朝日新聞映画班は現地部隊から感謝状まで受けている。

わらわし隊は帰国後、「皇軍慰問報告演芸」を行い、戦地の体験を得意の笑いで披露した。事後報告は出発前に恤兵部と約束ができていたことだったが、中支班に参加した紅一点のミスワカナと夫の玉松一郎はどこに行ってももみくちゃにされるほどの人気ぶりだった。ふたりの十八番となった「わらわし隊」は、戦場の悲哀、銃後の不安を吹き飛ばす明るさに満ちていた。

『わらわし隊』が兵隊の前に立つと拍手することも忘れてしまっている兵隊は真っ白な歯を見せてにっこり微笑む、部隊長が『手をたたけ』と命令する、この命令に初めて兵隊は忘れていた拍手を思い出しどっと笑って無茶苦茶に手を叩き（引用者注：原文ママ）これをきっかけに後まで兵隊は笑い続け、手を叩き続けるのだ。（『朝日新聞』昭和一四年一月一八日）

わらわし隊を前にして、初めは戸惑いを隠せなかった兵士たちも次第に、彼らのツボを心得た熱演に引き込まれ、爆笑になってしまう……。密着取材した『朝日新聞』の記事は、お笑い軍団の活躍を国民にこのように報告した。

別の角度から、わらわし隊を表した記事（昭和一三年八月一七日）も載った。

この連中（引用者注：わらわし隊）は戦地へ行って笑わし、帰ってその報告で内地の人々を笑わし、誠にわらわし隊の本分を尽くしたのである。その他の方面でも今では戦地を見てこない演芸家は一人前でない位の印象を与えるようになったのである。

さらにこう続く。

（事変以前には）「笑い」はどうも健康的なものが少なかった。その軽薄な演出が一般観客に受け、それが現代的と捉えられ、軽薄ぶりが誇張されると、一層受けた。だが、事変がはじまって一年たつと軽薄さが少なくなっていき、観客の方も軽薄を喜ばなくなってきた。漫才にしても、落語にしても、皇軍兵士への感謝の言葉が入る。これは決して口先ばかりでなく、皆演ずる人の実感なのである。

だが、軍の言う通りにすれば、すべてが順調に進むというわけではない。何しろ、舞台は浅草でなく弾が飛び交う戦地なのである。お笑い軍団のひとりが、戦地で匪賊に襲撃され、命を奪われるという悲劇も起こっている。

演芸慰問団団長の妻、吉本興業所属の漫才師・花園愛子《はなぞのあいこ》（本名：稲田ミサ子）は移動するトラックのなかで、銃弾の的になって即死した。棺が日本に戻ると、陸軍は手厚く慰霊祭を行い、その様子が慰問雑誌『陣中倶樂部』の「恤兵日誌」に「名誉の死」扱いで掲載された。

七月二十四日　陸軍恤兵部派遣北支皇軍演芸慰問団桂金吾《かつらきんご》氏一行は、二十二日朝北支河南省済源《さいげん》を出発　胡令に向う途中匪賊の襲撃を受け援護隊長以下十数名の戦死者を出せるが、団長妻稲田ミサ子も名誉の戦死をした。（『陣中倶樂部』第七〇号　昭和一六年九月一日）

昭和一七年七月八日の『朝日新聞』では、稲田ミサ子の死と同様に日中戦争開始後、五名のお笑い慰問使が戦病死の名目で命を落としたことが伝えられている。このニュースは、軍に守られているから安全で安穏《あんのん》とした慰問であるとは限らない、死を覚悟した旅だったという事実を厳然と突きつける。

つまりは、お笑い慰問団は、兵士の苦労を労うため、内地と同じようなハイテンションで、あっけらかんとした洒脱な笑いを振りまいたが、実は危険な戦地を移動して爆笑芸を披露していたのである。

『陣中倶樂部』第六六号（昭和一六年五月一日）では、実際に匪賊に出くわしたものの、危ういところで一命をとりとめた慰問団の一員、女優の栗島《くりしま》すみ子（慰問先・南支）、漫才師の東《あずま》喜代駒《きよこま》（慰問先・北満）、舞踊家の高田せい子（慰問先・北支）らの体験談が座談会の席で語られている。

栗島　ずっと前線ばかりトラックでご慰問申し上げましたが、その都度、機関銃つきで五十人もの兵隊さんが護衛してくださるんです。一度、敵にぶつかりましたが、申し訳ない位私共をかばって戦って下さいました。（記者に敵に出会った時の気持ちを問われ）、とても恐ろしくつて、お邪魔とは承知しながら兵隊さんの股ぐらに入ってお念仏を唱えました。

東　僕も匪賊にぶつかったが、意気地がないと笑われるかもしれぬが実に心細かった、怖くない等いうのはウソだな。

高田　私の場合は敵の襲撃があまり突然だったので怖いとか何とか考える暇がありませんでした。兵隊さんがドカドカッとトラックから下りて交戦され「弾、弾、弾を出してください」と叫ばれたときは無我夢中で弾運びのお手伝いをいたしました。

栗原、東、高田共、危ういところで事なきを得たが、この座談会から、恤兵部派遣の慰問団は戦闘が繰り広げられる危険地帯までも出かけていたことが確認できる。

では、銃後はどうだったか。花園愛子の不慮の死を扱った『陣中倶樂部』の「恤兵日誌」には、同年七月七日の事変四周年記念日に、銃後一億の力強い決意と前線への感謝の赤誠を表すため、恤兵部の受付に開門前から人々が金品を持って押しかけたことが記されている。

恤兵監は、感激の応対に文字通りてんてこ舞いになったとある。戦地の慰問団の女性の死と銃後の恤兵の過熱ぶりが同じ誌面に現れている。その異常さに誰もが気づかなかった。いや、気づいた者たちには言論弾圧が行われ、声を上げたくとも上げることがもはや不可能だったのである。

また、七月六日には、全国で記念式典が催され、『朝日新聞』は宮城前から靖国神社までの吹奏楽大行進も行っている。恤兵部が勢いづくのも、事変記念日ごとに盛り上がる銃後の物心伴う戦争支援があったからで、国民は軍部の敷いた総力戦のレールに乗って苦渋の行進を始めていたのである。

## 兵士熱望！　アイドルのブロマイドが欲しい

芸能プロダクション恤兵部が、動員に力を入れていたのは、映画女優、レコード歌手、歌劇団の少女アイドルたちであった。

慰問雑誌『陣中倶樂部』『戰線文庫』のグラビアには、芸能プロダクション恤兵部所属の女性アイドルたちの表象が、創刊号から終刊まで掲載されている。グラビアのどの顔も兵士読者に清楚《せいそ》に、あるいはコケティシュに笑いかけ、媚態《びたい》を演じているのである。

『陣中倶樂部』よりも、女性性にこだわりを見せたのが『戰線文庫』だ。「慰問グラフ」

と名付けて、彼女たちの写真を多数グラビアに掲載した理由は、兵士需要が圧倒的だったからで、それは切り取ればブロマイドにもなる。

だからか、慰問袋に詰められていたブロマイドを上官の眼を盗んで、小さくたたんで胸ポケットにしのばせたり、鉄兜《てつかぶと》の側面に貼ったり、お守りの代わりにする者も多く現れた。

戦地人気を見込んで三越、松屋、松坂屋等の百貨店では、皇軍慰問品売り場にブロマイドコーナーが設けられた。とくに、美しい女優、愛嬌《あいきょう》のある歌手らの日本髪姿のブロマイドやセーラー服姿が売れ筋だったが、愛らしい子役のブロマイドまでもが、連日、売り切れが続出するほどの人気ぶりだった。

当時の『朝日新聞』（昭和一三年二月三日）にはこんな話が載っている。映画会社の重鎮、松竹の山本取締役、日活の田中副社長らを筆頭に、東宝、大都、新興の役員五名が女優のブロマイド一万枚と各社の映画フィルム一本を手土産にして渡支し、皇軍を慰問したという記事である。一万枚とは驚く数だが、男性社会の最たる戦地ではそれほどに女性表象が切実に求められていたのだろう。

ある意味では、ブロマイドの集大成が慰問雑誌のグラビアだったと考えることもできる。

彼らは雑誌を食い入るように読みふけり、慰問雑誌の編集部に読後の感想を書き送った。

僕達は北支洋上に勇ましくご奉公を続けて居ります。『戰線文庫』!! 何より慰安を与えられました厚く厚く御礼申し上げます。（略）ああ今一度映画が見たい、故国の写真が田中絹代の心からなる日本映画が！ こんな恥しい心のほんの一時。

結構なる御本有難く感謝致し居ります。貴社益〻御繁盛を祈る。新橋小文さんの写真一葉ご送付願いたし。

戦線文庫が我等戦友達に如何に人気を呼んでいるかご想像下さい。何の楽しみもなく、生き

写真⑰　雑誌をむさぼり読む兵士たち

る我らの気持をやわらげるのは故郷の便りと慰問雑誌でございます。山路《やまじ》ふみ子嬢の大ファンです。サイン入りのブロマイド頂戴出来ましたら、本当に嬉しいです。

スター皆々様に宜しくお伝えください。御暇がありましたら、ご無理なお願いですが、日の丸の国旗にサインして、お送りください。

実は戦闘よりも、雲の上にいるスターやアイドルに恋い焦がれる彼らの本音が、『戦線文庫』のお便りコーナー「海のつはもの談話室」には、毎号ぎっしりと詰め込まれていた。早速、編集部でもとじ込み付録でブロマイドを付けるサービスを行い、読者の声に応えている。

笑いかけるだけで、何の応答もしないブロマイドよりも本物のスターに会いたい。そんな多数の兵士の声が届かないはずはない。各社選抜の美人芸能人が慰問団の一員となって

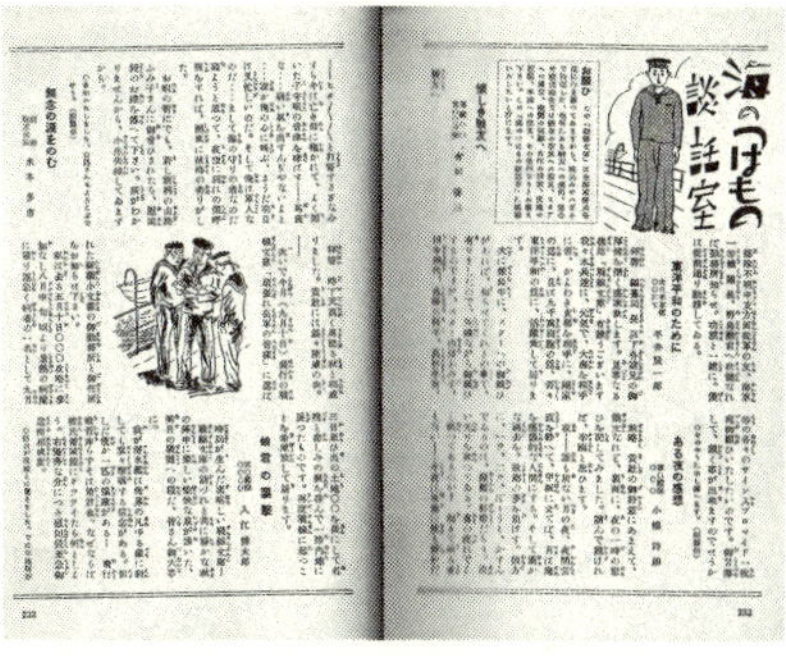

写真⑱『戦線文庫』に掲載された兵士の投書

戦地に激励に訪れるのは、昭和一五年頃からピークを迎えている。

各戦線に派遣された演芸慰問団は、恤兵部から直接派遣された一団と、各郷土から派遣された一団の二パターンに主に分類され、慰問団の総数は日中戦争開始から昭和一六年の五年間で五七四組にも達した。

## 皇軍慰問芸術団

スターの慰問の行程は、「一般将兵の慰問」で始まり、最後は「傷病兵の慰問」で終了となるパターンが多い。『陣中倶樂部』で紹介された、歌手の市丸《いちまる》の慰問行を例に、慰問の実態を見てみよう。

流行歌手である市丸は、昭和一三年三月、『東京日日新聞』『大阪毎日新聞』の主催で「皇軍慰問芸術団」に参加した。「皇軍慰問芸術団」は、歌手を中心にした人選がなされ、市丸のほか、小唄勝太郎《こうたかつたろう》、徳山璉《とくやまたまき》、松原操《まつばらみさお》、渡辺はま子、赤坂小梅《あかさかこうめ》、伊藤久男《いとうひさお》等の売れっ子歌手と、俳優の上山草人《かみやまそうじん》、漫才界からはリーガル千太・万吉らの慰問行が決まった。

新聞社が慰問団を競争するようにして送る背景には、各社の販売合戦が影響している。つまりは、慰問ネタは、読者にとって新聞を買ってまで読みたい内容なのだ。その理由は、慰問ステージを観覧している写真のなかに出征した肉親や友人らが混ざって写っていないか、読者は目を皿のようにして見ていたからである。もちろん、それだけではない。銃後では戦勝気分が尾を引いていて、人気者の戦地渡航に関心が向けられていたのである。

芸能人にとっても選抜メンバーに入ったことは、光栄なこととの好意的な受け取り方だった。

名誉の「皇軍慰問芸術団」の一員に選ばれた市丸は美貌《びぼう》と美声で評判の芸者出身の歌手で、新民謡「ちゃっきり節」「坊や抱いて」など多数のヒット曲がある。市丸一行は、意気揚揚と出発し、盛大な拍手を受けながら、一般兵士の慰問ステージを終えた。引き揚げようとすると、不意に部隊長から、声を掛けられた。

「第一線に出られる兵隊は幸せだが、出たくとも出られぬ気の毒な兵隊がいる。それは傷病兵だ。市丸さん、ご苦労だが、彼らのためにひとつ、三味線で慰問してくれないか」

「何という部隊長さんの思いやりでしょう」。胸を熱くした市丸は三味線を持って、部隊長に従うと、連れていかれたのは、殺風景な原っぱだった。そこには手を撃たれ、足に重傷を負った兵士たちが、さも満足そうな表情でじっと待っている。

市丸は三味を持つ手も疼《うず》くような気がしたが、気を取り直しておけさ入りの二上《にあが》り新内《しんない》を歌った。

つもった話もさぞあろに
銃をいだいて一ねいり
夢にみたみた坊やの笑顔
鉄の甲《かぶと》で母が馬
うちの女房は泣き虫ぢゃけど
泣いちゃならぬとこのたより

目の前に立つ、観客の兵士を見ればみんな泣いている。俯《うつむ》いて顔さえ上げぬ人、こぶしで目を拭う人、その手もなく顔を後ろに向けて泣く人……。
市丸は喉が詰まって手が震え、次の声が出ないでいると、突然三味線の三の糸がぷつんと切れてしまった。「いままで一度も切れたことがない糸が、息苦しいこの刹那《せつな》に切れようとは！」。市丸は気を取り直して続きを歌った。

さめて歩哨《ほしょう》の鉄かぶと
なぜにしんしん雪がふるふる新戦場

やっと歌い終わると、声を出して泣き崩れてしまった。

　私は生まれて、こんな強い大きな感激に打たれた事はないのでございます。兵隊さんの為なら、喉も裂けてもよい、このまま死んでもよいとさえ思ったのです。私も日本の女性だ。日本国民の一人だという観念をこの時くらい、はっきりと感じたことはございません。

　しかし、市丸の慰問はこれだけでは終わらなかった。次から次へと兵士が連絡を取ってくれたので、たとえ、五、六人の守備兵士しかいないところへも行き、駅のプラットホームで、野原で、汽車の窓から、機関車の上でも力の限り歌った。二、三分の停車時間でも、窓から顔を出して声を限りに歌うと、銃を手にじっと聞き入る若い兵士たちが肉親の弟のように見えた。

邯鄲《かんたん》（中国河北省）の野戦病院では、前夜匪賊と交戦して重傷を負ったひとりの兵士の見舞いに行った。彼の仲間は匪賊との戦いで、四人死亡したばかりだ。

「××（引用者注：原文ママ）一等兵、内地からわざわざ慰問に来てくださったのだぞ。わかるか」

病院長の声に、顔中繃帯の兵士はかすむ目を懸命に見張り、唇をかすかに動かしている。市丸は「どうぞお大事に」と言うだけで精いっぱいだった。

邯鄲の近くの小さな駅では、三、四人の守備兵がボロボロになった日の丸を振って、迎えに来てくれた。

「よくこんな所まで来てくださいました。すぐそこに、戦死した部隊長殿のお墓が立っています。どうか、あの前で歌を歌ってあげてください」と言う。

市丸は兵士たちの気持ちに感激し、わずかな汽車の時間を利用して、部隊長の墓の前に立った。まだ、木の香も新しい墓標を見つめながら、歌っていると墓標が涙で霞《かす》んできた。

お参りが済むと、駅まで守備兵が送ってくれた彼らの唇から「露営の歌」が流れる。

勝ってくるぞと勇ましく
誓って国を出たからは

**図⑩　戦地を慰問した主な芸能人**

| 名前 | 所属・肩書など | 慰問地 |
|---|---|---|
| 石田一松 | 吉本興業所属　漫談家 | 中南北支 |
| 歌上艶子 | 歌手 | 中支 |
| 大月静江 | 女優 | 北満　南方 |
| 木村美代子 | 歌手 | 中支 |
| 栗島すみ子 | 女優 | 南支 |
| 桜町公子 | 女優 | 満州 |
| 斉田愛子 | 歌手 | 中支、南方 |
| 高峰三枝子 | 女優 | 北京、満州、北支 |
| 宝塚少女歌劇団 | 東宝 | 北支 |
| 竹下千恵子 | 女優 | 哈爾濱《ハルビン》 |
| 田中旭嶺 | 筑前琵琶 | 中支 |
| 近松里子 | 女優 | 中支 |
| 西村小楽天 | 漫談家 | 南支 |
| 長谷川一夫 | 俳優 | 満州、上海、北支 |
| 松井翠声 | 漫談家、映画弁士 | 南支 |
| 松原操 | 歌手　ミス・コロムビア | 中支 |
| 水の江瀧子 | 松竹少女歌劇団 | 北支、台湾 |
| 森光子 | 女優 | 北満、南満、ジャワ島、ボルネオ島、セレベス |
| 山田五十鈴 | 女優 | 上海 |
| 渡辺はま子 | 歌手 | 上海、満州、天津 |

※『陣中倶樂部』『戰線文庫』より作製。実際はもっとたくさんの芸能人が戦地慰問を体験したが、一部、抜粋に留めた

「兵隊さん、ありがとう！　機関車の上で歌い、部隊長の墓前にうたったあの感激を、いつまでも忘れぬ覚悟でございます」。市丸は慰問体験記をこう締めくくった。（『陣中倶樂部』第四三号　昭和一四年六月一日）

## 月形龍之介と美人女優の慰問行

わらわし隊に次いで、売れっ子芸能人による戦地慰問で注目されるのは、日活の時代劇スター・月形《つきがた》龍《りゅう》之介《のすけ》と若手女優五人が慰問団を組んで、昭和一五年元旦、青島《チンタオ》、天津、北京に渡ったことだろう。一行の慰問の様子を見てみよう。（『陣中倶樂部』第五二号　昭和一六年三月一日　座談会よりの一部抜粋）

座談会出席者は、後に（昭和二九年）映画『水戸黄門漫遊記《みとこうもんまんゆうき》シリーズ』で黄門様こと徳川光圀《とくがわみつくに》役を演じた、国民的人気者の月形龍之介（三八歳）、女優たちは清水照子《しみずてるこ》、深水藤子《ふかみずふじこ》、大倉千代子《おおくらちよこ》、松岡信江《まつおかのぶえ》、比良多恵子《ひらたえこ》らである。タイトルの脇の写真は、紋付羽織袴《もんつきはおりはかま》の月形をはじめ、全員和服、日本髪の華やかないでたちの女優がずらりと並んでいる。背後には日の丸、軍服の男たちの姿も見えるので、渡航した際の記念撮影だろう。

月形は皇軍慰問芸術団団長に抜擢《ばってき》された年には映画『宮本武蔵』に出演し、武蔵の宿敵である佐々木小次郎を演じている。多忙な撮影の合間を縫って、ほとんど二〇代の若い女優たちを引き連れ、危険を覚悟しながら戦場に足を踏み入れたことになる。

一行は昭和一四年一二月二九日夜に京都を出発し、翌朝、下関解纜《かいらん》（出港）の日光丸で青島に向かう。

月形　長い間、私は映画人として大陸への渡航を願っていたのですが、今次聖戦勃発とともにそれに拍車がかけられたのです。ひとつは現地の認識を深めること。ひとつは皇軍将士、傷病兵の方々を心からお慰めしたいという止むに止まれない気持ちからでした。

大倉　所内《なか》の人達は、いろんな方法で慰問のこと考えているのでございますが、大陸へ渡って本当に心からのお慰みをして上げるのが一番だということを皆んなでお話していた折に月形さんの単身皇軍慰問の企てをお聞きしたものですから。

大倉は大陸への渡航の経験があり、松岡は青島生まれ、あとの三人の女優は初めての経験だった。言葉の端々に、皇軍慰問芸術団に選抜された「張り切った気持ち」が感じられる。

深水　それだけに、いざ大陸行きときまった時には、とても嬉しかったですわ。お手紙や慰問のお品ではとどかない私たちの真心が、おとどけ出来ると思ったものですから。

清水　あわただしい制作の隙に、拙い芸の練習などをはじめた時には、夜更けも知らずに猛練習をしましたわ。

月形　みんなみんな、とてもはりきった気持ちだったんです。私は剣舞をお目に掛けたいと思いまして、自作の「皇紀二千六百年を祝す」と「皇軍慰問の詩」をひねくりまして戦地の皆様への土産にすることにしました。

大倉　船が動き出しますと、さすが何とも言えない気持ちでしたわ。

深水　私は、その時ふっと出征される兵隊さんのことが胸に浮かびました。かたい決心をされたいくつものお顔が「戦地のことは引き受けたよ！」とおっしゃっているそのお顔なのです。

清水　故国へさよならされる皆様のお気持ちがとてもはっきりわかりました。

月形　しんみりしてしまった皆んなの顔をながめると、やっぱり私の胸に去来するものも同胞への限りない愛情と感激とでした。故国を離れる気持ち、それは言葉では言い表せませんね。

青島へは元旦に上陸。船中で初日の出を拝む。皇居の方面を仰ぎ見、一行は感激のあまり立ち尽くした。

月形　輝かしい初日のでは船の上で拝みました。一同デッキに並《なら》んで、遥かに皇居を拝しました時は、私共の大陸行が更に意義付けられたことを感じないわけにはいきませんでした。

比良　生まれて最初の感激と言ってもよいものでしたわ。

深水　こうした初日の光を拝みますといよいよ栄えてゆく日本の姿がパッと目の前に広がって来るようでした。

大倉　みんな言い合したように感激にひたり乍《なが》ら立ちつくしていましたわ。

月形　青島には二、三、四の三日間滞在しました。陸戦隊を訪問しまして感謝の意を表しましたが、私共の慰問をとても喜んでくれましてね。かえってご心配を掛けたくらいなんです。

大倉　陸軍病院と海軍病院を慰問しましたが、私たちの顔を見ると珍客と飛び出るばかりに迎えてくださったのには、こちらが恐縮しましたわ。

月形　大変な歓迎でした。慰問の御挨拶をして各々持ち寄りの芸を披露すると、いつまでも鳴り止まない拍手に私はどうしたらよいのか迷った位でした。重病の方も重症の方も日本軍人らしく闘病していられる気迫には、只々《ただただ》感嘆する外はありませんでした。

大倉　以前の青島巡業にくらべて、比べものにならない程の熱心さと、全然違った気持ちとで清楚に設けられた舞台で踊りぬきましたわ。

月形　映画人としては君達が初めてだと聞かされましたが、少々鼻が高い思いでした。そして何故もっと早く来なかったかを悔やまずにはいられませんでした。休暇のある人達は進んで大陸に慰問行することを私はすすめたいと思いますね。

青島で大歓迎を受け、一行は済南《さいなん》を通って激戦の後に、復興が進んでいる天津に行く。そこでは陸軍の部隊訪問、憲兵隊にも慰問をし、大歓迎を受ける。

月形　ここは日本で言えば大阪のような市街でして、萬国橋の下流付近では猛烈な激戦が日夜繰り返されたとのことで、我空軍爆撃の跡も歴然としておりますが、整理のつくものは整理してあり、ゴマを播《ま》いたようにウヨウヨしている支那人の中に日本の建設の見えない手が伸びているのには頭をたれました。軍の苦心と寧日《ねいじつ》もない努力とにはただただ感激のほかはありませんでした。

清水　ここでは領事館へご挨拶に行きましてから、陸軍の●●（引用者注：原文ママ）部隊慰問、憲兵隊二個所へ慰問に参りました。

松岡　白衣の方がおられる二個所の病舎を訪れて、青島にもまして歓迎を受けましたが、日向に出てカメラに竝んだり、つたない踊りをお見せしたり時のたつのも忘れてしまった位でした。

月形　銃後と戦線を結ぶものは強じんなものでなければということをつくづく感じました。皇軍の方達が戦争は僕等の手で、と汗と血に汚れておられるのを見聞しては、銃後は私たちの手で、ということを深く感じないわけにはいきませんでした。

大倉　内地にいる人も一層、心を引き締めて銃を執る気持にならなければいけないと思いましたわ。殊に私たち女性は戒心すべき秋《とき》だと思いました。

慰問は現地で、兵士を励まし、慰めるだけではない。慰問に行った人間の生の声を銃後に伝えることが彼らを派遣した軍の主目的だということ、月形や大倉ら女性陣の言葉からそれが伝わる。もちろん、彼らの現地で感じた戦争のリアルは伏せられたままである。日活のスターたちは、重い守秘義務を課せられた、難しい役を担い、従順に、そつなくこなしたのだった。座談会の最後は北京で二か所の病院を慰問し、六名の俳優による戦地巡業は終幕となる。

大倉　また夏の休みにやってきますわと申し上げると、では前線で会おうとおっしゃるのです。それまでには治って前線に出ているという意味なのでした。
深水　きっときっと参りますわ、と申し上げると手を差しのべて、きっと約束するねと微笑されるその明るい面――この次に行きます時にはもっと前線の皆様にもお目にかかりたいとも思いました。
月形　意義深い行程を北京にとどめて戦地の皆様、白衣の方々に尽きない愛着の念をつのらせたのでした。（一部文章は割愛）

時代劇スターと美女軍団の慰問はさぞや傷病兵たちを慰めたことだろう。

芸能人による慰問は、日露戦争時にも同様に行われていた。大濱徹也編『近代民衆の記録8　兵士』（新人物往来社　昭和五三年）には、日露戦争に出征中の一兵士による「陣中日記」（塚本正一郎幸丸筆　大正八年）が所収されている。日記は慰問団が来たことに触れているが、注目に値する内容が書かれていた。（一部抜粋）

八月二十八日　慰問浪花節旭東天というのが二泊の予定でやって来た。夜二席（堀部安兵衛と□□□□□（引用者注：伏字）大工の娘□□とかいうの）中々気合が懸って面白く聞いた。八月三十日　復雨。浪花節先生帰る。

九月十六日　基督《キリスト》青年会軍隊慰問部の浪花節五名来る。孰《いず》れも若手で気合が好い。三味線に若い女が伴いて来たが、何れよりこれが慰問になったろう。しかし、それが兵隊さんの嫉視は一向頓着なく、ねえ貴郎《あなた》式《しき》を発揮するには大いに当てられたり。夫婦にゃ違いないが今に於《お》いて、例の「お前とならば何処までも、オーロラ見ゆる北極の……」の目の当たり拝見せり。

九月十七日　復雨。浪花節は今夜もやる予定の所、海軍の方から是非譲ってくれというので、午後に繰り上げ、夜は海軍にやる。

塚本の日記の慰問に関するところだけの引用であるが、短い文章のなかから、日露戦争の頃から戦地慰問が行われていたこと、「三味線に若い女が伴いて来たが、何れよりこれが慰問になったろう」と兵士の切ない、胸の内が語られていること、この頃は陸海軍で慰問団を分け合っていたことなど貴重な内容が記述されている。とくに若い女性の慰問使が歓迎されていたのは日中戦争、太平洋戦争時においても、いや、男性社会の最たるものである軍隊では、いつの時代でも、同様のことなのであろう。

## 人気作家・林芙美子の慰問

作家の林芙美子《はやしふみこ》は、朝日新聞社からの特派記者として、漢口に一番乗りをして従軍記を書いた。その林が慰問について、『朝日新聞』紙上の座談会（昭和一三年一月一九日〜二五日連載）で女性の慰問使の必要性について語っている。座談会の出席者は日本婦人協会代表理事・上村露子、板橋志村第一小学校校長・木内キヤウ子、日活多摩川脚本部員・

鈴木紀子ら北支に慰問に行った女性たちが一堂に会した。進行役で朝日新聞の服部学芸部長、評論家の杉山平助《すぎやまへいすけ》（ペン部隊海軍班）が出席している。四人の女性は皆、北支の前線を慰問しているが、杉山は北支、蒙古、上海、南京を回って帰国した。

杉山　どうです、慰問の効果というものがあったと思いますか。
上村　それはやっぱり行ってよかったと思っていますし、帰ってから兵隊さんの礼状をいただきました。
杉山　女であるというだけでいいんでしょうね。そこへ行くとどこの誰だか訳のわからん、男の慰問使は嫌われていますね。腕章なんかつけて前線に一寸《ちょっと》顔出してご機嫌は如何ですか、とか何とか……手数もかかるし、第一目障りでいかんと言ってましたね。
（略）
　そして、帰って来てから、偉そうに演説して歩いて廻っている……だから、女は女であるだけでいいんですね。（以下略）
服部部長　（林芙美子に向かって）あなたが突然出現して兵隊さんに喜ばれたでしょう。
林　ええ、誰も彼も、私に会うと日本の景気はどうなっているかって真っ先に聞くんですの。戦争のこともそうでしょうが、それよりも私が日本から来たばかりというんで日本のことを知りたがっていました。そして、慰問団は代議士や宗教団体はごめんだ、それよりも小学生をよこしてくれ、子供を抱きたくて仕方がないというんですね。それから、女学生にきてほしいと言っていましたね。
上村　美人の絵葉書、それも、銀座にあるような立派なんじゃなくて極安いお粗末な絵葉書なんですが、美人が描いてあるというんでポケットに入れたり内懐に入れたり……。

林が最後に「平和になったらタバにして婦人を連れて行きたいですね」「私、文士をやめて永住しようかと思いましたわ」「玉石混交で、なんでもいいからウンと沢山《たくさん》が行くといいんじゃないでしょうか」と、慰問に行くことに積極的な発言をして座談会は幕となる。
この座談会から、八か月後、林はペン部隊陸軍班唯一の「ペンの女戦士」に選ばれた。出発前に、新聞に作家らしい抱負を綴《つづ》っている。

私は陸軍に従軍することにきまったから第一線で働いている看護婦の方々の生活をみてそれを主題としてその小説から日本のすべての女性が看護婦を志望し憧憬してくれるような優しい日本のナイチンゲールを書きたい。

意気揚々と出発したが、戦地で見たものは、想像を絶する生々しい戦争の現実だった。戦地体験を書き込んだ『北岸部隊』（中央公論社　昭和一四年）は、空前のベストセラーになった。そこには、現地に行ったものでしか、それも貧困と流浪のなかから、身を起こした女性作家の眼でしか捉えられない、低い目線での描写が満載である。

例えば、路上に置き去りにされた中国兵の死体の傍らで、打ち捨てられたノートを発見するくだりがある。開くと、美人の写真が一枚、女文字で「胡蝶《こちょう》」とサインがしてある。恋人か、妻か、憧れの女優か。確かなことは、日本兵も、中国兵も好きな女性の写真を懐に入れて、戦っていた。それが林を慄然《りつぜん》とさせる。

此死体の唯一の感傷である。まだ二〇歳にならないだろう。右手には泥をつかんでいた。

林の胸に複雑な感情が溢れたことは、行間から察せられるが、この文章を発表した昭和一四年の時点では記述はここまでが限界だったのだろう。背後に検閲の眼が光っていた。

## 一般人でも行けた戦地慰問

これまで、お笑い、アイドルの戦地慰問を見てきた。弾丸飛び交う戦地に行けるのは、文化人や芸能人らの著名人に決まっていると思いがちだが、当初は一般人でも、手続きさえ経れば簡単に行けたようである。それだけ、軍が民間人による慰問をも歓迎していたということなのだろうか。

一体、戦地に慰問に行くにはどういう過程を経ればよいのか、どういう手続きをするのか、『陣中倶樂部』第六二号(昭和一六年一月一日)に掲載された「恤兵状況概観」には、「昭和十五年五月までは、恤兵部のほか、各地方の警察署長の証明書により、支那に渡航することができたので、皇軍を慰問する者のなかには恤兵部を経由せずに、警察署の証明で慰問する者の方がむしろ多かった」とある。驚くことに、最寄りの警察に行って証明書さえ発行してもらえば、簡単に慰問に行けたらしい。それで、慰問は二の次、物見遊山《ものみゆさん》気分で慰問に出かける輩《やから》も続出する騒ぎになった。

慌てた恤兵部は、その後は、すべて恤兵部の証明がなければ「事変地に慰問に行くこと」はできないように渡航を制限した。

だが、慰問団の到着を心待ちにする兵士たちが落胆しないように、恤兵部は彼らへのフォローも忘れない。

「慰問者の人員の少なくなったのを見て、内地が疲弊《ひへい》しているかの如く判断しているという評をきくけれども、決してそうではない。慰問者の資格を制限し、そのなかでも充分に詮衡《せんこう》して、真に慰問しようとする熱意のある人々にのみ、恤兵部から渡航証明書を下付しているからなのである」と言う。

慰問団として渡航する人々は各都道府県から多数に上ったが、種々の関係から適任者でも認可されないこともあったという。過ちを繰り返さないように厳しい選抜が行われたことをうかがわせる。慰問といっても、戦地行きばかりではなく、国内の病院に入院している傷病兵、いわゆる「白衣の勇士」への慰問希望者も引きも切らぬほどで、各病院には専任の慰問対応係を常駐させなければならないほどだった。この時期、日本国内は熱い血潮のアクティブな人々による慰問渡航ブームが起こっていたのである。

しかし、昭和一六年は紀元二六〇〇年に当たることを理由に、慰問の質の向上も検討され、その結果、恤兵部は素人よりはプロの出番が求められ演芸会社に協力を依頼している。

「一流演芸家を多数現地に派遣して、各位の希望に沿うことに努めたから相当慰安に利用せられたものと信ずる次第である」と、恤兵監は慰問団を待ちわびる兵士各位に宣言するのである。

質のアップへの具体的取り組みとして、東京の芸術家のほとんど全部を網羅した「芸術文化連盟」が恤兵部の要望に従い、演芸慰問団の編成に当たることになった。

### 慰問雑誌から浮かび上がってくる実態

『陣中倶樂部』は『戰線文庫』に比べて、慰問団についての記述が具体的である。なかでも連載のスタイルを取る「恤兵日誌」を見ると、慰問団がどこを訪れ、どのくらいの日数、慰問地に滞在したのかなど、実態を大まかではあるが把握することができる。昭和一四年から一五年までは、民間と恤兵部による慰問団数、慰問参加延べ人員、慰問日数が発表されている

図⑪　演芸慰問団（民間）派遣年度別別表

| | 昭和14年度 | | | | 昭和15年度 | | | |
|---|---|---|---|---|---|---|---|---|
| | 満州 | 北支 | 中支 | 南支 | 満州 | 北支 | 中支 | 南支 |
| 団数 | 12 | 16 | 21 | 22 | 33 | 52 | 43 | 34 |
| 延人員 | 92 | 140 | 179 | 259 | 281 | 569 | 627 | 321 |
| 延日数 | 479 | 718 | 889 | 846 | 1280 | 2460 | 2077 | 1605 |

図⑫　恤兵部主催演芸慰問団派遣年度別表

| | 昭和14年度 | | | | 昭和15年度 | | | |
|---|---|---|---|---|---|---|---|---|
| | 満州 | 北支 | 中支 | 南支 | 満州 | 北支 | 中支 | 南支 |
| 団数 | 7 | 9 | 10 | 6 | 8 | 16 | 17 | 8 |
| 延人員 | 61 | 69 | 86 | 53 | 68 | 136 | 131 | 76 |

『陣中倶樂部』第62号31頁を参考に作成

恤兵部主催による慰問団の慰問日数は不明だが、『陣中倶樂部』第七一号（昭和一六年一〇月一日）では、昭和一六年の時点で、最短二〇日から最長二か月に及ぶものもあることが発表されている。出し物は日本舞踊、新舞踊、奇術、漫談、唄、琵琶、漫才、民謡、里謡《りよう》、浪曲。変わったところでは、珍芸、曲芸など、バラエティに富んでいた。

慰問団一行は出発時、帰国時には恤兵部により慰問の報告を義務づけられていた。

毎号の「恤兵日誌」には「恤兵部主催、特別演芸慰問団出発につき挨拶のため、来訪す」などの記述がみられる。

我々恤兵部に勤務する者一同は、この溢るるばかりの物心両方面における銃後の熱誠《ねっせい》を各位にお伝えし、又各位の希望せらるる所を銃後国民に迅速に伝達する、いわゆる前線と銃後との連鎖となるために万遺漏《ばんいろう》なきよう、及ばずながら服務している次第である。

と、恤兵部では、自らの努力を兵士にアピールしている。彼らとしても、遠い戦地に慰問団を派遣することには、細心の注意を払っていたのだろう。

**子役スターが戦場で人気に!**

子役スターは兵士たちにもてた。故国に子供を置いてきた兵士たちは、日本から送られてくる雑誌のグラビアに写る美しい女優にも憧れたが、可愛い子役のブロマイドや写真も欲しがった。例えば、子役時代から活躍し、後に日本の映画界を背負った女優、高峰秀子《たかみねひでこ》(通称・デコちゃん)は、若い兵士にとって妹であり、初恋の人であり、気の置けない同級生のような愛おしい存在だった。

日中戦争が始まった昭和一二年九月に、一三歳だった彼女は、『朝日新聞』の軍用機献納運動を手伝いたいと申し出た。銀座松坂屋一階で行われた「愛国サインデー」の催しに参加し、ブロマイドの売上高全部を朝日新聞社に寄託した。

これはデコちゃん自身のアイデアによるもので、自らが小づかいをはたいて制作した軍帽姿のブロマイドに、その場でサインをするという目玉企画だった。会場には慰問袋に入れて戦地の兵士に送りたいと集まった、銃後の女性たちの長い列ができた。

昭和一七年一月八日の第一回大詔奉戴日《たいしょうほうたいび》には正月公演中だった東京有楽座の廊下で貯金局の債券売り場に立ち、古川《ふるかわ》ロッパらと一緒に債券一二〇〇枚を売っている。

人気者の高峰は『陣中倶樂部』や『戰線文庫』のグラビアにもよく登場し、『戰線文庫』第一七号（昭和一五年三月）では日の丸をバックにセーラー服姿で、にこやかに敬礼をしている写真が使われた。

デコちゃんのほかにも、子役の表象は兵士読者から要望が多く、ハリウッド映画の人気子役シャーリー・テンプルが、ターキーこと松竹少女歌劇団の男役、水の江瀧子とハワイで邂逅《かいこう》した場面がグラビアになっている。（『戰線文庫』第一〇号　昭和

写真⑲　『戰線文庫』第17号の表紙はアイドル高峰秀子

一四年七月）

「やあ、テムプルちゃん、こんにちは、ボク日本のターキーです」
「ターキーちゃん、いまお国は戦争で大変ですね。でも、日本の海軍は世界一お強いですもの、もう直ぐ平和がきますわ」

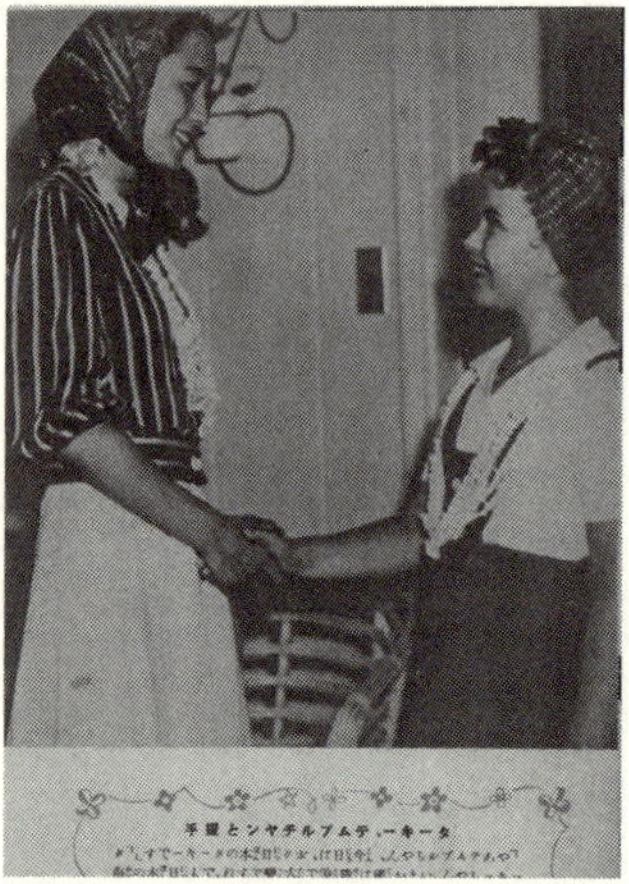

写真⑳　水の江滝子とシャーリー・テンプル（『戦線文庫』第10号　昭和14年7月）

とキャプションは現時点から見れば、寒くなるような日米アイドルの架空の会話だ。

**紀元二六〇〇年記念慰問団派遣**

昭和一五年九月一八日発行の『朝日新聞』にこんな記事が登場し、ちょっとした銃後の話題になったことがある。

陸軍恤兵部では銃後の熱誠こもる献金でこれまで大陸各地に、大陸各地の皇軍に演芸慰問団を派遣していたが、今度皇紀二千六百年を記念して「聖戦記念特別慰問団」を第一線将兵に贈ることになった。松竹、日活、東宝、新興、大都、吉本等の各会社やレコード製造協会の後援を得て九月下旬から十一月上旬にかけて支那、満州に慰問団が派遣される。

将兵に「聖戦記念特別慰問団」を「おくる」という箇所が輸送の「送る」ではなく、プレゼントの「贈る」になっていることに注目したい。まさに、国民の恤兵金から、皇紀二六〇〇年記念を祝して慰問団に熨斗《のし》をかけて、戦地に「贈る」ということなのだろうか。

記事によれば、バレエの貝谷八百子《かいたにやおこ》一行は南支に、オペラの三浦環《みうらたまき》と門下生一統は中支に出発することになり、この芸能界重鎮の慰問のニュースを受けて、映画界でも各社派遣人選が行われたとある。「日活」は近松里子《ちかまつさとこ》以下九名の女優、「松竹」は吉江淑子《よしえとしこ》、東野ひろみ以下女優たちの四チーム、「大都」は大山《おおやま》デブ子以下七名、「レコード協会」は若丸以下一二名が決まった。美人女優が勢ぞろいする戦場の興行とは、恤兵部始まって以来の大博打《ばくち》であったに違いない。

映画界はこの年、国策宣伝のための文化映画が全国の映画館で上映され、この記事が出た翌日の一九日には東宝が、帝国劇場を内閣情報部に貸すために引っ越している。主要映画会社による「聖戦記念特別慰問団派遣」はそんな流れのなかに位置する出来事だった。

## 恤兵部員の慰問団派遣の思い出

恤兵部員が恤兵部内での出来事をリアルに語ったエッセイを読む機会に恵まれた。恤兵部員・川上護《かわかみまもる》（恤兵部員当時は中佐）が書き残したエッセイ「陸軍省恤兵部時代の憶出《おもいで》」（『南支のあゆみ』所収　編集責任者・森源　鳳会発行　昭和四二年）である。種々の慰問を企画立案した川上の生の声を紹介したい。川上の遺した言葉から恤兵部がなぜここまで、銃後と兵士の心をつかみ、協力体制に就かせることができたか、恤兵部がスローガンとした「銃後と戦地を結ぶ絆」作戦の一端が見えてくる。

まず、川上護が恤兵部員になった経緯が変わっている。彼は鳥取歩兵第四〇聯隊第一隊長だったが、昭和一四年四月二四日、徐州攻撃中に敵の銃弾を受け、衛生隊、野戦病院、兵站《へいたん》病院と転々とし、病院船で内地に送り帰された。帰国後、大阪赤十字病院等で約一〇か月余の療養生活を経たあと、思いもよらず陸軍省恤兵部に勤務することを命じられる。

恤兵部に行くということは「陸軍省における第一線受第一傷将校の命課」だったことを、川上は後で知る。つまり、これは恤兵部が負傷した軍人の、傷が癒《い》えるまでの出向先だったということだろう。

川上は当時の陸軍次官だった阿南惟幾《あなみこれちか》中将の前に呼び出され、「第一線の将兵の立場から恤兵部への意見を述べてみよ」と声を掛けられる。即座に、「受傷後の最初の重責だ」と感じた彼は、頭にひらめいた「慰問袋の内容の改善」と「内地よりの慰問団の派遣」の二点を進言し、阿南から承諾を得ている。

当時、恤兵監は恩賜課長が兼任していたため、多忙を極めていた。そこでおのずと、恤兵業務は現場にいる部員たちに任されていた。新任恤兵部員である川上は水を得た魚のように、自身のプランを次々と実行に移していった。

すでに述べたデパートの特設「慰問品売り場」を考え出したのも川上である。売り場には用紙、封筒を用意し、慰問袋には直筆の慰問文を添えるよう客に勧めた。銃後と兵士の気持ちに寄り添ったサービスが効を奏し、多くの買い物客が押しかけて、連日、デパートは大賑わいとなった。

開戦初期の慰問袋は慰問文を同封できなかったが、慰問袋が物資補給の意味のほかに、兵士への心の連絡となるよう、慰問文を同梱することも指導した。激戦後、精神を落ち着け、気持ちを和らげてくれる女優や歌手のブロマイドを添えるように指導したのも川上である。

懸案だった内地慰問団派遣については、阿南がなかなか首を縦に振らないために難航した。

「若い兵隊ばかりのところに内地の若い娘達が慰問に出向いて風紀上心配ないか」。阿南はその一点が気になっているらしい。

「第一線の軍紀は厳粛で、戦況苛烈《かれつ》になるほど厳粛となり、決して次官の心配になることはありません」

川上は自信をもって答えた。

「ただし、出身地の部隊には親戚関係もあることでしょうから、慰問団の編成地区と派遣部隊との選定は、恤兵部で決定するようお願いしたい」

暫《しばら》くして、阿南の口から嬉しい言葉が洩《も》れた。

「貴官の意見に同意する」

以後、川上の慰問団派遣計画が急速に動き出す。

川上が編成に加わり、戦地に送り込んだ慰問団は次のように分類できる。

一、歌手による歌舞

最も好評で回数も多かったのが、人気歌手による歌謡ステージである。当時の一流歌手は競うようにして戦地での出演を希望したため、人選や派遣地域の決定に思わぬ心労があった。

「当時の一流歌手で外地に出でざるは船酔いに弱き山田五十鈴のみ、従って歌手のなかでは慰問旅行中受傷せるものも生じ、服部富子《はっとりとみこ》は最も重く帰還後入院加療した」。川上の述《じゅっ》懐《かい》である。

しかし、山田五十鈴は自伝『山田五十鈴——映画とともに』（日本図書センター　平成一二年）で、慰問の思い出を語っている。戦争が激化するにつれ、映画の仕事も減少するなかで、「男の方はだいたい召集されてしまう、女優さんはいらないということになり（略）たまにあれば軍の慰問」で、上海等へ戦地慰問に出かけたことが綴られている。山田が慰問に不参加だったくだりは、川上の記憶違いだった可能性もある。

二、漫談

お笑い系の慰問団は男女いろいろ、「特別の御面相のもの」もあったらしい。

三、漫画慰問団

漫画家たちには、入院中の将兵を慰問し、その場で似顔絵を描いてもらった。第一回は一流の漫画家を五人一隊で編成し、ひとり一筆五分で仕上げ、多くの将兵に喜んでもらえた。

四、生け花慰問団

草月流家元を中心に、部隊病院に出向き、現地にあったバケツ、ヤカンを利用して生け花を披露した。

五、画家慰問団

文展審査員や特選受賞クラスの画家たちで慰問団を編成し、彼らに軍奮戦地の風物を描くよう頼んだ。出来上がった画は絵葉書に印刷し、現地軍に送って将兵が郷土の家へ通信する際に使ってもらった。

川上は持ち前の企画力と交渉力を駆使し、芸能界の人気者や著名人を集めて、慰問団派遣に尽力したため忘れられない想い出も満載である。そのなかから、とっておきのいくつかを紹介しよう。

## ターキーに魂を奪われた事件

川上が最初に派遣した慰問団は、松竹少女歌劇団のスター・水の江瀧子（通称：ターキー）一行であった。慰問団出発にあたっては、出かける前日に派遣メンバー五人までを恤兵部内に招待し、慰問部隊の最近の戦況、慰問状の諸注意等を述べることを習わしとしていた。川上は挨拶にやってきた、眩《まばゆ》いばかりの美女、ターキーを前にしどろもどろになってしまったらしい。恤兵監も人の子である一幕。

## 横綱・双葉山が献金した事件

徐州攻略後、北支軍に当時、実力・人気共にトップだった横綱・双葉山《ふたばやま》一行を派遣した。興行は主要都市に限り、力士は二〇人限定の比較的小規模な慰問団として出発した。ところが、内地で評判のいい双葉山がやってきたとあって、北京、天津、済南《さいなん》の居留民に取組を見せてもらいたいと懇願される。当時の寺内寿一《てらうちひさいち》大将に同意を取り付け、特別に入場料を徴収し、熱戦を無事に終えることができた。

興行後、双葉山は当日、特別に支給された手当を全部、北支司令部に恤兵金として献金。後日、川上は軍司令官から、双葉山に記念品を贈るから希望の品を尋ねよと連絡を受けることになる。

双葉山に連絡すると固辞されたが、強いて言うならば記念盃《きねんぱい》をと申し出て、後日、三重の大銀盃（外面には派遣した慰問団の画家が揮毫《きごう》した万寿山《まんじゅさん》の絵）を贈ることになった。これは相当の重量があり、ひとりでは持ち上げられないくらいの豪華な代物。日取りを決めて、双葉山に出頭を求めると、双葉山は親方同道、紋付羽織姿で威儀を正してやってきた。川上はこの日の感激を慰問雑誌『陣中倶樂部』に記し、戦場にいる双葉山のファンたちを喜ばせることを忘れなかった。

このほか、紀元二六〇〇年紀元節に当たり、皇族御一統から慰問袋の寄贈があった際に、海軍の茶谷東海少佐と共に霞が関離宮に招致された話（詳しくは第四章参照）、文学者・長谷川時雨《はせがわしぐれ》とも慰問文集制作等を通じて交流があったこと等も記している。

川上に代表される一人ひとりの恤兵部員の働きが軍部の縁の下である組織を支えていたのである。とくに、彼は恤兵部内でも、活躍が目覚ましかったのか、『陣中倶樂部』の「恤兵日誌」には個人名での登場回数が最も多い。例えば、昭和一四年一一月に恤兵業務連絡及び運輸、配給等の打ち合わせのため、北支、中支の部隊を視察、翌年五月には慰問袋の輸送の問題点を話し合う「恤兵会議」出席、恤兵業務の連絡及び運輸状況の視察のため、満州に出張している。恤兵品や慰問袋が無事に到着するか否かは、恤兵部の重要課題であったことが、川上のたびたびの戦地出張で浮かび上がってくる。

この後、川上は恤兵部から父島要塞司令官に異動し、昭和一六年には陸軍大佐、昭和二〇年独立歩兵第十三旅団長で軍歴を終えている。

# 第四章　恤兵の火を消すな‼

## 恤兵部の文化政策、事変記念イベント

恤兵部は国家総動員法が制定されたあたりを契機に、軍の記念日などの機会を利用して、恤兵を認知させるためのイベントを続々開催していった。いわば、献金を待つだけの受動的な姿勢から、積極的に国民に働きかける動きへと転じていったのである。方法として、国民の集まりやすい場所を利用し、国民の愛するエンターテインメントやカルチャーを使い、国民の敬愛するスターや文化人を使者に、国民の気持ちへ侵入していった。

第四章では、恤兵を推し進めるため、盛り上がりを見せた恤兵部の文化政策、そして、事変記念イベントを概観する。

## 宝塚の花を巻き込んだ海軍イベント

昭和一二年、北京（北平）近郊で起こった盧溝橋《ろこうきょう》事件に端を発した日中の戦いは、次第に拡大化され、八月に入ると、勢いにのった陸海軍は北京、天津を制圧した（北支事変＝日中戦争の当初における呼称）。

八月一三日、ついに日本中国両軍が交戦状態に入り、首相・近衛文麿《このえふみまろ》は十五日、「支那軍の暴戻《ぼうれい》を膺懲《ようちょう》し以《もっ》て南京政府の反省を促す為、今や断固たる措置をとる」と声明を発表した。事実上の宣戦布告である。当初は政府、軍部が事変不拡大方針を取っていただけに、国内に大きな衝撃が走った。

近衛の声明から二日後、東京宝塚劇場は『朝日新聞』半面を使って「北支事変に際し、銃後に捧ぐる此催し‼」というキャッチフレーズが躍る、およそ宝塚らしからぬ広告を打った。これは宝塚少女歌劇団花組公演「国防レビュー　愛国少年航空兵」と同時に開催された、海軍省軍事普及部後援による「愛国航空展」の告知である。

そもそも海軍省軍事普及部は恤兵部の大元の組織、そこが文字通り海軍一色に染め上げた展示を麗《うるわ》しい乙女の殿堂を会場にして催したのだ。主催は大日本飛行少年団、大日本航空婦人会、協賛はライオン歯磨本舗である。

写真㉑　東京宝塚劇場で行われた海軍後援による「愛国航空展」の新聞広告（『朝日新聞』昭和12年8月17日）

すでに、盧溝橋事件が起こったあたりから、東京宝塚劇場がある銀座の目抜き通りには、街行く人々に出征兵士の武運長久《ぶうんちょうきゅう》を祈る千人針を求める運動が始まっている。そんな世相を受けて、宝塚の「愛国航空展」も銃後の人々には、違和感なく受け取られていたのだろうか。各階の展示内容はこんな具合だった。

地階ホール（海軍館）　海軍省出品の帝国海軍の威容を示す油絵、写真、パノラマ及び軍艦各模型出陳

一階ホール　小型グライダー陳列

二階ホール（児童館）全国小学校児童より募集した航空画数一〇〇点出品。市民用防毒マスク及び防毒用品陳列

三階ホール（航空館）世界列強皇軍一覧表。ライオン歯磨空チューブで献納された海軍報国第一児童号（舞台装置）

四階ホール（航空ジオラマ館）大型グライダー、ライオン第二号（ライオン歯磨本舗寄贈）陳列。空のスリル、高等飛行の実況（ジオラマ）。東洋平和の謎。極東の航空路（パノラマ）。目覚しき発達を遂げつつある世界各国航空機（ジオラマ）。大空への憧憬、勇ましき少年航空兵の募集（ジオラマ）

ジオラマ、パノラマを使った、大仕掛けのイベントは、スポンサーであるライオン歯磨の大きな経済的援助があればこそのものだろう。新聞広告の下段に「武運長久を祈って慰問袋に　ライオン歯磨」と、スポンサー名が最も目を引く告知がされている。

宝塚少女歌劇団を抱える阪急電鉄社長の小林《こばやし》一三《いちぞう》は、昭和一二年九月、緒方竹虎《おがたたけとら》（朝日新聞社）、正力松太郎《しょうりきまつたろう》（讀賣新聞社）、高石真五郎《たかいししんごろう》（毎日新聞社）、野間清治《のませいじ》（講談社）、増田義一《ますだぎいち》（実業之日本社）、大谷竹次郎《おおたにたけじろう》（松竹）らとともに、内閣情報部の参与に任命されている。

先の「愛国航空展」も小林が軍部に接近した成果かとも思えるほど、この先の宝塚の快進撃ぶりはすさまじい。翌年一〇月二日、宝塚を代表するスター・天津乙女《あまつおとめ》を組長に一行四六名が日独伊親善使節として神戸を出航した。一行は団長・小林一三の三男、小林米《こばやしよね》三《ぞう》を先頭に、靖国丸に乗り込み、ドイツ、イタリア、ポーランドを回り、二六劇場で三〇回もの公演を行って、昭和一四年三月四日、長旅から帰国した。

翌年、日独伊三国同盟がベルリンで調印されている。宝塚一行の親善公演がこの同盟の締結《ていけつ》に貢献したことは明らかだろう。

陸軍の慰問雑誌『陣中倶樂部』（第四七号、昭和一四年一〇月一日）「恤兵日誌」には

「昭和十四年八月二十一日、宝塚少女歌劇団主催演芸慰問団、引田一郎《ひきたいちろう》以下二十五名、北支方面へ向けて出発す」とあり、若いヅカガールたちが北支へ旅立っていった様子が伝えられている。

天津乙女一行が五か月にも及ぶ公演をこなして帰国するや、一か月後の昭和一四年四月四日には人気絶頂の男役、〝宝塚のゲーリー・クーパー〟こと小夜福子《さよふくこ》ら一行六〇名の宝塚少女歌劇団訪米芸術使節団が出発した。五月七日、ロサンゼルス入りした小夜らはニューヨークで開催された万国博をはじめ、全米九都市で公演し、日本の若い女性による華麗なレビューを印象づけた。

座員が世界親善に駆り出される一方、昭和一五年、官僚出身が大勢を占めるなか、小林は第二次近衛内閣の商工大臣に民間から抜擢されて入閣を果たしている。続いて蘭印（現在のインドネシア）特派大使に任命され、バタビア（現在のジャカルタ）で行われた日蘭印経済交渉に参加と目覚ましい活躍をしている。

同年、ヅカガールたちもまた、一三の意志を受けたかのように、大日本国防婦人会に入会し、宝塚少女歌劇団分室を結成した。夏空の下、宝塚動植物園で挙行された分室の発会式には、分隊長の天津乙女以下四五六名が割烹着姿でずらりと並んだ。

この年は紀元二六〇〇年に当たり、国を挙げて各所で奉祝イベントが続いたが、宝塚もまた、記念公演を行っている。他方、音楽奉仕隊を名乗り、軍需工場慰問にも乗り出す等、奉仕活動にも力を入れた。

宝塚少女歌劇ガールは十月十一日丸ノ内市民局前で歌をうたって職場の人々へ、作業増進の為の美しい慰安を与えた。（『陣中倶樂部』第六一号　昭和一五年一二月一日）

『陣中倶樂部』では、グラビア頁「銃後ニュース」でその日の健闘の様子を伝えている。当日は人気者たちをひと目見ようと駆け付けた若い女性たちで、前列はすっかり埋め尽くされ、どこへ行ってももみくちゃの人気ぶりだった。軍にとってこれほどの効果的な国策への協力はなかっただろう。

宝塚の演目にも軍の手が入り、戦争物に塗り替えられている。昭和一六年四月の雪組公演は『国家を讃う　櫻《さくら》』『戦陣訓《せんじんくん》』『傍聴読本　耳と目と口と』『群衆による交響詩　総力』と宝塚らしい夢のあるロマンティックなタイトルは見当たらない。

ちなみに、この頃の宝塚は国のために汗をかいて懸命な活動をしているのだが、兵士が読む陸海軍慰問雑誌のグラビアには、掲載が少ない。「清く正しく美しい」イメージが戦場で戦う男たちにはそぐわなかったのか、同時期に人気のあった松竹少女歌劇団の男役ターキーがグラビアにたびたび、魅力的な笑顔で登場しているのに対し、宝塚は個人、団体共に掲載が数えるほどである。

希少な例だが、海軍の慰問雑誌『戰線文庫』第五六号（昭和一八年六月一日）には月組公演『その日の布哇《ハワイ》』の舞台を写真で再現している。これは「ハワイ空襲のかげに咲いた実話」との触れ込みで、月組の男役の秋風多江子《あきかぜたえこ》、佐保美代子《さほみよこ》がアメリカに国籍を持つ日本人に扮し、日本軍兵士の遺言にある地図を命がけで奪還するという筋書きである。ラストでは重傷を負って、遂には自決するが、『戰線文庫』によれば、「日本人が本来の姿に立ち返って国のために殉じた姿」を月組が「感情縷々《るる》」と演じて、観客の涙を絞るストーリーになっている。


「アメリカの弾丸で死ぬなら本望だ。日本人として死ねるぞ」

「お国のために死ぬことは日本人の子供の誇りなのだ」

「日本帝国万歳」

等々の愛国のセリフをタカラジェンヌが絶唱している。彼女たちが慰問雑誌のグラビアに登場するのはこれが最後、恤兵誌上におけるラストステージであった。

## デパートが会場。恤兵イベントに殺到する若い女性たち

恤兵部が恤兵認知を目的にしたイベントで、会場に選んだのは、もちろん宝塚ばかりではない。ターゲットのひとつとなったのは、集客率が高く、大量動員が見込める、都内のデパートだった。デパートのある場所は、銀座、日本橋、上野等の駅から近い繁華街である。立地的にも人を呼べる条件が揃って好都合だった。

開戦から三年目を迎える昭和一五年五月、東京の各百貨店が一斉に、海軍恤兵係後援による「水兵さんに喜ばれる慰問袋の会」を催した。

当日は海軍省から恤兵係の茶谷東海主計少佐や数名の係官が視察に訪れたが、銃後の赤誠の乙女たちが次々と押し寄せて慰問袋を調整していく、熱誠の姿にすっかり感激させられてしまったようだ。

恤兵係の茶谷は広報担当らしく親しみやすいキャラを売りにして、メディアにはよく登場し、銃後にはおなじみの顔となっていた。

伊勢丹の売り場では、「女学生部隊に襲来されて身動きができぬほどです」（『戦線文庫』

解説）と、嬉しい悲鳴を上げている。

軍のイベントは「贅沢《ぜいたく》品廃止」や「節約」一辺倒の統制経済の余波をもろに受ける立場にあるデパートにとっても、起死回生のチャンスだった。

本音を言えば、戦争の陰で各デパートの台所事情は苦しく、商工省の要請により中国に将来の活路を求めて進出している。例えば、昭和一四年、松坂屋は北京に西単営業所を開き、新事業を開拓している。

翌年も前年の成功に続けと、海軍記念日を中心に、日本百貨店協会が「第二回水兵さんに喜ばれる慰問袋の会」を催した。

　昨年の催した前回『水兵さんに喜ばれる慰問袋の会』よりは参加店も多く、その飾付けもうまくなり、いろ〳〵趣向をこらした慰問品売り場は、大変な人気を呼ぶというように売れた。（『銃後赤誠譜』興亜日本社　昭和一六年）

前述の宝塚といい、女性たちの聖地だった場所を、恤兵部は容赦《ようしゃ》なく、戦争色に塗り替えていったともいえる。百貨店側も、これを商機と捉え、向こうからやってきた絶好の波

**図⑬　昭和15年に行われた海軍後援による恤兵強化の催し**

| 百貨店名 | 期間 | 内容 |
|---|---|---|
| 高島屋 | 5月21日〜5月28日<br>5月25日〜31日 | 女性文化人慰問部隊「輝ク部隊」主催。「海軍記念日週間」を開催<br>少年文学作家画家協会主催。海洋書及び「南支派遣海軍慰問報告画展」を開催 |
| 東横百貨店 | 5月20日〜30日 | 讀賣新聞社主催。海外の資料まで展示した「海軍恤兵展覧会」。異国の風物、人々の変わった暮らしぶりに関心が集まり、集客の点では好成績を残した |
| 銀座三越 | 5月27日〜6月1日 | 東京日日新聞社主催。「海軍恤兵展」は銀座の目貫き通りで催したのが功を奏し、大変な客足があった |
| 上野松坂屋 | 8月13日〜8月29日 | 日本拓殖協会主催「大南洋展覧会」開催。他店と異なり、少し、毛色の変わったイベントは、この時期に、軍部が政策を進めていた「南進日本」をPRする目的だった。珍しい南国の風物の展示に、人々の異国への憧れは掻き立てられ、満員御礼となった |

『朝日新聞』より

に乗じた。銃後の人々も戦争の進展を詳しく知りたいと鵜《う》の目鷹の目で参集してきた。見事に三者の欲望が炸裂した一日となった。

本来なら、爽《さわ》やかな風を感じ、澄み切った空を仰ぐ季節だが、これが戦時下の東京皐月《さつき》の風景だったのである。慰問袋の会と並んで、各百貨店では、「海軍恤兵強化の催し」を開催し、恤兵を広くPRした。各百貨店のイベント内容は図⑬のようになる。

ちなみに、海軍記念日は明治三八年五月二七日、日本海海戦を記念して制定されたもので、第二次世界大戦後は廃止になっている。

どのイベントも海軍省協賛で行われ、会場は買い物の途中で寄った人々も加わり、予想以上の効果を呼んだ。まるで都内のデパートを海軍が接収したと錯覚するような状態だったが、結果的には、恤兵の認知に成功したといえるだろう。

「果然銃後のうら若き女性たちの反響も凄《すご》く、各デパートは、これら銃後の赤誠の乙女たちでハチ切れんばかりです」(『戰線文庫』第二二号　昭和一五年八月一日)。誌面には恤兵係の喜びの声が綴られている。

図⑬に記しているのは東京の百貨店のみだが、この後、同じ恤兵強化の催しが日本百貨店組合と新聞社の主催で京都、大阪、神戸、名古屋で一斉に開催された。

しかし、軍部と提携した種々のイベントで賑わいを見せたデパートも、一方では、同年七月七日に実施された「奢侈品《しゃしひん》等製造販売制限規則」(商工・農林両省令第二号)によって、購買意欲をそそる贅沢品の製造、販売にストップがかけられ、打撃を受けている。生き抜くためには軍の意に沿ったイベント開催も辞さない覚悟であったのだろう。

昭和一五年の興亜奉公日には「銃後に笑い」をと北沢楽天《きたざわらくてん》、岡本一平《おかもといっぺい》ら有名漫画家が結集した「笑話運動漫画展」が銀座の三越で開かれ、「押すな押すなの大盛況」であった。

## 愛国献納大相撲

宝塚、老舗《しにせ》百貨店と続き、大量動員が可能なハコで大衆の好む娯楽の殿堂、これらの条件に当てはまる場所として、次に軍部から白羽の矢を立てられたのが国技館だった。

昭和一五年五月、初夏の青空の下、やぐら太鼓が鳴り響く。国技館の入り口には「大日本相撲愛国献納会」のアーチが立てられ、熱戦を見ようと、館内はたちまち銃後の人々で超満員になった。

「愛国献納大相撲」と銘打ったこの催しは春場所と夏場所の二回。上がった収益で海軍の「力強い新鋭機」を献納するために、開かれた。相撲はたびたび、軍部の文化的な催し、文化工作の目玉として使われている。

　組みつ組まれつ面白く進行して、本日の呼び物は、幕内十両五人抜きとなってから、俄然《がぜん》観衆は熱狂して来た。抜きつ、抜かれつ、中々勝負がつかない。ところが、猛然と躍り出た今場所の大関五ツ島が、当たるを幸いになぎ倒せば、たちまち二人倒れ、三人抜かれ、とうとう五人勝ち抜いて、見事栄冠を獲得した。（『戰線文庫』第二二号　昭和

一五年八月一日）

この取組は国を挙げて祝祭行事が行われた「皇紀二六〇〇年記念」に催されたものだが、同年の明治節（一一月三日）には、大勢の観客を前に、勝負性が高いトーナメント型式が用いられた。横綱・男女ノ川《みながわ》、玉の海が出場したが、優勝を手にしたのは、国民的人気者の力士、双葉山だった。

『戦線文庫』第五四号（昭和一八年四月一日）には「楽しき国技館の一日」と題し、昭和一八年、戦傷兵のために国技館で行われた慰問招待相撲の様子が載っている。

横綱双葉山、照国以下強豪総出場して敢闘絵巻を展開、熱戦に大童《おおわらわ》、誠に微笑ましい一日でありました。

観衆の熱い視線の先には、連勝を遂げる横綱・双葉山の雄姿があった。双葉山は数度、戦地の慰問相撲にも出向き、兵士から割れるような喝采を浴びている。

昭和一五年は相撲が国策協力に邁進《まいしん》した年で、九月から約一か月間、「かねて懸案だった大陸前線勇士慰問」に、大日本相撲協会に属する全力士が大所帯で、漢口、南昌、南支の前線に旅立っている。出発前には、相撲協会が『朝日新聞』にこんなコメントを出した。

前線慰問ですから、時間と暇さえあれば、戦闘地区でも行きたい所存です。ただ、何分にも力士全部と言う大所帯なので色々と恤兵部の方へお願いしている訳です。

これを受けて軍も相撲協会にエールを送り、

軍としても極力支援、国技相撲を通して支那民衆に日本精神を理解せしめるという点を重視している。

と、相撲を慰問のみならず、いわゆる中国への宣撫《せんぶ》に使う方針を語っている。
大陸前線慰問は、熱戦を一目見ようと兵士が遠くの部隊からも押しかける騒ぎとなり、多くは涙を浮かべながら、日本の国技を観戦した。

力士たちは懸命に全行程を勤め上げ、三日に行われた「明治神宮奉納相撲大会」に出場している。

翌一九四一年三月から四月にかけても、陸軍恤兵部は大日本相撲協会所属の力士団・笠置山《かさぎやま》、磐石《ばんじゃく》一行を南支一帯初の慰問相撲に派遣した。一行は団長・出來山《できやま》（元武蔵山《むさしやま》）を先頭に青葉山《あおばやま》、佐渡《さど》ケ島《しま》、増位山《ますいやま》など各部屋から選別した混成力士団総勢七五人からなる、錚々《そうそう》たるものだった（『朝日新聞』昭和一六年二月六日）。大衆の喜ぶものを根こそぎ動員していった軍部の圧倒的パワーをここでも見る思いがする。

国技であるがゆえに軍部への協力を余儀なくされた相撲だが、終戦が近づく昭和一九年になると、秋場所の最中に、相撲協会役員と全力士が所有する杯や盾を献納する儀式が行われる。土俵上には銀製品七六点、全重量六三貫が積み上げられた。力士たちの汗の結晶が航空機増産

写真㉒　『戰線文庫』第54号は慰問招待相撲の様子を見開きで紹介

のために、大蔵省に献納されたのである。

## 恤兵歌「示せ銃後の真心を」

太平洋戦争が始まった昭和一六年は恤兵部が最もPR活動に励んだ年だったともいえる。理由は恤兵金、慰問袋の減少に歯止めを掛け、もう一度、国民の間に恤兵熱を盛り上げていくことが、必至だったからである。

日中戦争の長期化により、兵士の士気は低下し、軍隊内部では、戦場離脱、上官暴行などが頻発し、軍の統制が乱れてしまっていた。一月には、陸軍大臣・東條《とうじょう》英機《ひでき》によって軍紀、風紀の混乱を抑制するための「戦陣訓」が全軍に示達された。

命令への絶対服従を説く「戦陣訓」を前に、かたや兵士のメンタルの維持も重要な課題となってくる。疲弊し、すさぶ兵士の心を慰め、もう一度、奮い立たせるには、銃後支援の恤兵を強化することである。軍部が行きついたところはその点だったのだろうか。

昭和一六年五月二六日、第三六回「海軍記念日」の前夜、海軍省後援、海軍協会、朝日新聞社共同主催のもと、日比谷公会堂で「海軍恤兵強化の夕べ」が開催された。翌二七日には日比谷公会堂で記念講演会が行われ、海軍大佐・平出英夫《ひらいでひでお》や海軍中将、海軍大将が壇上に立った。

『朝日新聞』の告知が効いたのか、二六日、二七日とも、恤兵に関心を寄せる多くの人々で、開場前から、長蛇の列ができた。

人気歌手や、漫談家が出演して、ショーアップされた二六日の模様を見てみよう。

第一部は戦線将兵、英霊に感謝の黙とうを捧げ、続いて海軍省経理局海軍主計少佐茶谷東海の講演「恤兵の意義について」が語られ、会場は厳粛な雰囲気に包まれた。第二部になると、雰囲気が一変し、従軍漫談家・西村楽天らの爆笑小話から幕を開け、海軍恤兵歌「示せ銃後の真心を」（作詞／島田磬也《しまだきんや》　作曲／安部武雄《あべたけお》）が紹介され、テイチクレコード歌手・東海林太郎《しょうじたろう》、美ち奴《みやっこ》、服部富子らが次々と歌った。会場の人々も唱和したこのイベントの模様は全国にラジオ放送された。

新恤兵歌は本書の冒頭で紹介した「雪の進軍」の自由な気風が失せ、長期戦にもつれ込んだ戦局を憂え、夫を、息子を、兄弟を戦争に取られた銃後のどうにも切羽詰まった気持ちが織り込まれている。

示せ銃後の真心を

作詞／島田磬也
作曲／安部武雄

遠い戦地と　銃後の空を
結ぶ思いは　皆一つ
海の勇士へ　祖国の便り
何とこの胸　何とこの胸
送ろうか

日夜夜毎を　ご苦労様と
偲《しの》びゃ涙が　文字になる
たった一筆　カタカナ交じり
書いた真心　書いた真心
この手紙

何は無くとも　捧げる感謝
これが銃後の　御奉公
慰問袋を　送ろじゃないか
届きゃ人形も　届きゃ人形も
物を言う

戦地思えば　眠れぬ幾夜
さぞやさぞやも　胸の内
国の御盾《みたて》の　水兵さんを
拝みたいよな　拝みたいよな
気持ちです

大君に捧げた　ますらお心
燃やす力も　銃後から
呼べば応える　一億民が

滾《たぎ》る血潮の　滾る血潮の

後ろ盾

同じ昭和一六年には「国民恤兵歌」が作られている。「示せ銃後の真心を」は銃後の立場、「国民恤兵歌」は戦地の立場を詞にしている。いわば、国家総動員の精神をメロディに載せて、「一億民」に刷り込む意図がみられる。少なくとも、日清、日露のある時期までは、国民の善意、情から生まれた恤兵が、この時代には上から押し付けられ、強制されるものに変わっている。

国民恤兵歌（一九四一年四月　コロムビア　陸軍省選定　松竹映画挿入歌）

作詞／佐藤惣之助《さとうそうのすけ》

作曲／古関祐而《こせきゆうじ》

雨の降る夜も泥濘《ぬかるみ》も

進み戦うこの胸に

勝てよ　頼むと一億の
燃ゆる歓呼がまた響く

明けて戦地を占領すりゃ
直ぐに届いた恤兵の
慰問袋やその手紙
抱いて躍るぞこの胸に

弾丸《たま》に斃《たお》れた戦友に
読んで聞かした慰問文
故里《くに》の少国民《こども》の真心に
男泣きした宵《よい》もある

見たい知りたい懐かしい
故郷の新聞読み回し

文字は千切れて消ゆるとも
胸に畳んで進み行く
強い銃後の力をば
鉄の兜《かぶと》に結び付け
やるぞ進むぞ戦うぞ
弾丸と命の尽きるまで

記念日イベントは、もちろん海軍ばかりではない。海軍よりも少し早く、陸軍記念日にあたる昭和一六年三月一〇日、九段軍人会館で「恤兵強化の夕べ」が開かれた。朝日新聞理事の挨拶の後、陸軍恤兵監の藤村大佐による講演が行われた。恤兵部のスポークスマンである藤村は「銃後の後援を改めて振起してほしい」と力強く語った。

堅い話の後は、エンタメタイムに移り、日活俳優の現地報告、独唱、舞踊とコロムビア歌手合唱団による「国民恤兵歌」の発表、作家の長谷川時雨が率いる輝ク部隊の芸能対話劇「戦地女性風景」、陸軍軍隊の演奏会があって、超満員盛況裡《り》に閉会した。

同じ時間に日比谷公会堂では三〇〇〇人の聴衆を集めて陸軍省報道部長の馬淵大佐が東亜解放のための聖戦であること、戦いの意義などを語り、割れるような拍手に包まれた。次いで、東條陸相が東洋はあくまで東洋人で守るべきと強調し、戦死した将兵、傷病兵、出征軍人とその家族に感謝を捧げた。

## 事変四周年記念イベントで献金一億円突破

日中戦争が始まってから、四年目に当たる昭和一六年七月七日、各家には日章旗が掲げられ、正午には全国一斉に英霊のために、また、前線勇士の武運を祈って、黙とうが捧げられた。この日は内務省より、月に一回常会を開催することが義務づけられた隣組の一斉勤労奉仕、都内中等学校上級生徒三万人による銃後奉公愛国大会、陸海軍の宮城前から銀座までの吹奏楽市中大行進、情報局、翼賛会、東京府、市共同主催の慰霊祭と大会が日比谷公会堂で行われた。都下は事変記念イベントで一色に染まった。

『朝日新聞』（昭和一六年七月八日）は「くり広げた聖典絵巻」と、高揚した調子でまとめあげ、押しかけた献金軍の様子を報じている。

かたや海軍恤兵係には早朝から海軍省の正門が開かれないうちから献金軍がおしかけ、

とくに用意した三か所の受付も間に合わないほどの大混雑、正午までに約五五〇人、金額四万三〇〇円、慰問袋二〇〇〇個の多きに達した。なかには、松竹大船、日活女優陣から届けられた銃後の赤誠も混じっている。

陸軍恤兵部も負けていない。午前一一時には平常の献金、献納を遥かに突破する盛況ぶりで、松竹の男優・上山草人、女優・川崎弘子《かわさきひろこ》ら十数名が慰問袋と献金を納めた。思わぬスターの登場に恤兵部前には人が溢れかえり、夫の給料を袋ごと渡す奥さん、貯金箱を抱えた老夫婦などが後から後から続き、恤兵監を通常の三倍に増員する盛り上がりを見せた。

政府はこれら多額の私財を寄付した「民草《たみくさ》」に対し、紺綬褒章《こんじゅほうしょう》、木杯、褒状を送り、表彰することになり、七月七日、第一回目の拝受者が賞勲局から発表された。

実は、『朝日新聞』は事変記念日前日の六日に恤兵献金額、慰問袋、海外同胞の恤兵金慰問袋明細を発表している。これは国民に恤兵部の献金状況を示し、翌日の事変記念日にあたり、「私も！」と同調して自発的に恤兵部に向かわせる意図だったのだろうか。献金する行為をブーム化しようとするのは、恤兵部と新聞社の従来のやり方である。当日、発表された数字を紹介しよう。海外からの献納が意外に多く、銃後を刺激する数字に膨れ上がっている。

献金
恤兵金　九七万三九四件　四〇九七万四七六円七四銭
国防献金　一八八万七四〇件　八八〇四万三七七円九五銭
学芸技術奨励金　四五七六件　六〇一万一五八円
総計　一億三五〇二万一〇一二円九六銭
慰問袋　二八三三万五三一三個

うち海外同胞恤兵金慰問袋明細
アメリカ　恤兵金　一九二万八八九一円五銭　慰問袋　一八万八四三九個
ハワイ　恤兵金　四八万七六五一円二七銭　慰問袋　六万九九九八個
総計　恤兵金　三六一万七五四三円八二銭　慰問袋三二万二三六四個
以下割愛

### 事変五周年記念日

大本営が「支那事変」勃発五周年に際し、日本軍の戦死者一一万余人、中国側二三〇万人と発表した、昭和一七年七月八日の『朝日新聞』朝刊は、

前線兵士に負けじとばかりに銃後の職域に戦う国民の赤誠は戦う将兵の後盾《うしろだて》として美わしくも逞《たくま》しき進軍を続けてきたのであった。

と前書きし、事変五周年記念日に当たり、過去五年間、陸軍省に集まった国民献金、恤兵金の総額を発表した。

国防献金総額（七月六日まで）
三七万八一二件、一億八九六三万六一九二円八九銭
【内訳】（昭和一二年七月七日～昭和一五年一二月七日）二二万二三九九件、一億一一万九七〇五円四七銭（昭和一五年一二月八日～昭和一六年七月六日）一四万八四一

三件、八九五一万六四八七円四二銭

現物献納は飛行機、自動車、軍用犬等金額に換算して六七七万九八一三円

恤兵金（陸軍省恤兵部、内地各軍師団及び外地軍に直接献納したものを合わせて）

総額　八〇一九万六八九八円一〇銭

慰問袋　総数　三五八五万七八四三個

慰問団　恤兵部派演芸慰問団、各郷土から派遣された慰問団を合わせて

総数　五七四組

国防献金には及ばないものの、この数字に、恤兵監は至極満足し、「いずれも国民の赤誠と浄財」による「銃後の金字塔」とコメントしている。国防献金、恤兵金両方に献金する者も多数現れ、恤兵部の面目躍如といったところだろうか。

### 興亜奉公日

昭和一四年八月八日、平沼騏一郎《ひらぬまきいちろう》内閣の閣議で、国民生活に制限を加える「興亜奉公日」が決定された。その趣旨は、日中戦争が続く限り、毎月一日を興亜奉公日とし、「当

日全国民は挙《こぞ》って戦場の労力を偲《しの》び自粛自省之《これ》を実際生活の上に具現する」と共に「興亜の大業を翼賛《よくさん》する」（「興亜奉公日設定ニ関スル件」）というものだった。

国民精神総動員中央連盟はこれを受け、興亜奉公日に国民が具体的に行わなければならない以下の八項目を挙げた。

①戦死者の墓参、②前線へ慰問文、慰問袋を送ること、③努めて歩くこと、④とくに緊張して働くこと、⑤服装と食事はとくに質素とすること、⑥酒と煙草はやめること、⑦遊興はやめること、⑧この日に節約した金は必ず貯金すること等が定められた。

恤兵に当たる項目も含まれ、これまで銃後の自発的な行為であった慰問文、慰問袋が制度化、義務化されていった。

興亜奉公日制定によって、圧迫度を増す献金、献納に対して、銃後がいかなる取り組みをしたか、『戦線文庫』の第二五号「海軍の恤兵を語る座談会」（昭和一五年一一月一日）から概観していこう。

この号が発行された前月、一〇月一二日に近衛文麿首相を担いだ大政翼賛会《たいせいよくさんかい》が発足した。大政翼賛会は「臣道の実践」「大東亜共栄圏の建設」「翼賛政治体制の建設」「翼賛経済体制の建設」を掲げ、国民は「文化新体制の建設」「生活新体制の建設」に協力するこ

とが謳《うた》われたのである。（成田龍一《なりたりゅういち》『近現代日本史との対話　戦中・戦後―現在編』集英社新書　平成三一年）

これによって国民は完全に総力戦体制に組み込まれ、個人としての自由を奪われ、すべてを国に捧げなければならなかった。座談会は、まさにこの時期に行われ、恤兵に熱心な団体の代表二〇名が一堂に会したものである。注目すべきは、銃後の代表が軍の意向に沿って発言をしている姿が鮮明に見えることである。頁に添えられた、座談会の写真は、まさに、総動員体制の可視化ともいえる。発言内容の概略を紹介しよう。

### 恤兵を細く、長くやって行きたい（恤兵係）

**茶谷少佐**　恤兵というのは大体慰問と解してよかろうと思います。恤兵係ではまず、第一線の兵隊の慰問を主にし、次に病院にいる戦傷病将兵の慰問、遺族の弔問、この三点に重点を置いて、皆様から戴いた物品や、恤兵金で、適当な品物を買ったり、施設を作ったりしているのであります。不平を申す訳ではありませんが、多少、献金や献品が少なくなっていく傾向があります。それで今までの計画なり実行の規模を小さくすると同時に、細く、長くやって行かねばと考えております。

（以下、引用は一部抜粋）

**慰問袋は小さくても数を出す（軍事援護局）**

**荒牧練太郎**《あらまきれんたろう》　東京市には銃後奉公会というのがありまして、それが慰問袋を献納していて取扱いを軍事援護局でやっています。扱い始めたのが昭和一二年、河村部隊が満州に参りました時に在満将兵後援会というので始めて以来、ずっと続けていて、一か月平均一〇万袋、本年の六月までに四八回、三七五万八〇二八袋になります。その集める方法は市役所から区長を通じ町会や諸団体にお願いしているのです。

この慰問袋は毎月汐留《しおどめ》駅から発送するのですが、銃後の赤誠の結晶の門出を送る意味で海軍省、陸軍省、第一師団司令部、募集に当たった区長や各団体の代表者にお集まり願って、極めて簡単な発送式を行います。毎月のこと私ども関係者は、この一〇万の慰問袋の山を見るたびによくこれだけ集まったものだと、何か胸のせまる思いがして、戦線に行って十分に使命を果たしてくれるようにと祈らずにはおれないのであります。

## 俺のはつまらんと言われないように、平等に（愛国婦人会）

小林芳江《こばやしよしえ》　土地特有のものと慰問文を必ず入れるようにし、慰問文にはごく簡単に、例えば、家に飼っている豚が子供を産んだとか、近所の誰それがお嫁に行ったとかいうことを気軽に書いて入れるようにしています。

内容も金額に差のないように平均に分けて、受け取った軍人さんが、俺のはつまらんと言われないようにしています。それから私の方に愛国子女団という子供の団体がございまして、その子供の作った童心の溢れた慰問文や、人形が非常にあちらで歓迎されるので、その指導もやっております。

## 派手な花柳界会員も初心やり抜く覚悟で（国防婦人会）

今泉大佐　国防婦人会は満州事変を契機としてできたときから恤兵をやっています。主として慰問袋に力を注いで、東京市や出動将兵後援会と協力してやっています。東京市には会員が四五万人ほどいますが、一〇〇人について一五個の割合で作っております。とくに、私の感激していますことは、花柳界《かりゅうかい》の婦人たちが国防婦人会の会員として目覚ましい活動をしていることで、とくに最近では風呂の流しをやめて、その金を海陸軍へ献金しております。ああいう稼業をしている人たちが流しをやめるには、色々とさし障りも起きたでしょうが、よく初心をやり通して、事変の終わるまで継続する固い決心を示しているのは、誠に感謝するばかりです。

**女学校挙げて慰問冊子作り（府立高等家政女学校）**

**中村一勇**　私の学校では、興亜奉公日以来ごく僅かですが、献金や慰問袋をやっていますが、さらに慰問冊子というのをやっています。これは生徒が白紙を綴ったのを一冊ずつ持ちましてそれへ生徒自身の感想なり慰問文なり、あるいは新聞や雑誌の中から勇士に喜ばれそうな記事を切り抜いて貼ったりして、一冊の冊子を作るのです。生徒は一二〇〇名おりますので、たちどころに一二〇〇冊は出来上がりますが、それは費用も少なくて済むし、簡単にできるので、生徒の慰問としては適当なものだと思っています。

**弟子、孫弟子動員して、恤兵献画（川合《かわい》玉堂《ぎょくどう》門下生一同）**

**記者**　芸術方面の慰問としては、画壇の大家諸氏が続々と恤兵献画を寄せられております。

横山大観《よこやまたいかん》画伯は「海十題」を描き上げられ、その売上金で海軍へ飛行機を献納されたり、なかでも川合玉堂先生をはじめとする御門下御一同の恤兵献画は当局の感激されているところです。

**村雲大撲子《むらくもたいぼくし》**　私共画家も銃後の国民として、献金なり、献品、あるいは慰問文をお送りするのはもちろんのことでございますが、玉堂先生の肝煎《きもい》りで先生の弟子八五、六名と孫弟子を七、八〇名動員して、年に二回献画をしております。

## 子供たちに良い感化を与えて国に尽くしたい（紙芝居師）

**榎本梅次郎《えのもとうめじろう》**　私の紙芝居は相手が小さい子供のことで、どういう風に説明したら時局を認識させることができるかといろいろ努力しております。例えば、一度悪い人でも応召する人があると、銃後は私たちでしっかりやっていくから、後のことは心配せずに元気で戦ってくださいと励ますようなことを言わせて筋のとおるようにしています。（略）私共は戦線の方々に直接慰問に慰安を与えることはできませんけれど、せめてお子さん方によい感化を与えて御国のために尽くしたいと思います。

### 全員主婦で結成された「主婦会」

**長井頼子**　古新聞や古瓶を売って節約したお金を収集し、出征兵士の遺家族へ慰問に赴いたり、アイスクリームや紅茶を排して献金したり、「台所を節約して」箱を作り、そこに日に二銭ずつ入れ、毎月陸海軍省へ献金しています。

### 毎月五〇個の慰問人形を手作りして戦地に送る

**瀬川《せがわ》さくら子**　お人形と申しますのはごく小さなものでございます。そのお人形に旗をつけ、私の名前を入れて、事変の始まった日から海軍と陸軍に毎月五〇ずつお送りしているのでございますけれど、この頃では、綿だの布だの材料が手に入らないものですから。

座談会は年齢、職業を超えたあらゆる層が恤兵の旗の下に集合して行われたものである。いわば、そのときの日本の縮図のようである。

軍に殉じるのは大人ばかりではない。戦時中は少国民と言われた学童たちも、恤兵に協力を強いられている。

『朝日新聞』昭和一六年七月八日付には、各国民学校全生徒の皇軍慰問児童作品八一万二

〇六五点が麹町《こうじまち》永田国民学校に届けられた記事が載っている。贈呈式に列席した、大久保市長、東條陸相代理、軍事保護院総裁代理、倉木恤兵監らに七〇〇人の児童代表の手から作品が渡された。

陸相代理が「大陸で八一万二二六五点のこの慰問作品を受け取る兵隊さんたちは八一万二二六五発の爆弾を貰《もら》ったと同時に力強く、元気に奮い立って一層ご奉公に励むことでしょう」と述べると、児童代表の六年生は「皇室のもと、一億一家、心と心、力と力をひとつにして、銃後を守りかためます」と朗読し、参列した全児童も唱和した。倉木恤兵監の発声で万歳三唱し、閉会した。これの作品は木箱に収め、「一斉に支那の荒野や満ソ国境にある前戦に送られる」ことになったという。

六日には情報局の松村秀逸《まつむらしゅういつ》陸軍大佐がラジオ『大東亜戦争と支那事変』で、国民に百年戦争の覚悟を促す放送を行っている。そのことを照らし合わせると、『朝日新聞』のこの記事は学童の力をも動員し、ミッドウェー海戦に敗れた日本軍兵士に恤兵の心を届け、士気を上げて激励しようとする軍の姿が見えるようだ。同時に、後方支援部署だった恤兵部の任務がさらに広がり、重くなっていることを感じさせる。

## 皇室と恤兵

国民が総動員されるなか、皇室と恤兵はどう結びついていたのか。

まずは、慰問雑誌と『恤兵』創刊号に現れる皇室関連ニュースから紐解《ひもと》いてみよう。

表紙を繰ると、最初に現れるグラビア「恤兵グラフ」は皇后陛下が東京第一衛戍《えいじゅ》病院を行啓し、親しく傷病兵を労われるシーンの写真を取り上げている。皇后や皇族（『恤兵』では、閑院若宮妃《かんいんのわかみやひ》殿下《でんか》、朝香宮中将《あさかのみやちゅうじょう》殿下の名が記載されていた）の恤兵に類する行為は、病院に白衣の勇士と呼ばれた傷病兵を見舞ったり、日本赤十字の奉仕事業を見学することが主であった。

さらに、『恤兵』第二九号（昭和一二年一二月一日発行）では、「銃後の護りは固し」のタイトルで、皇后が自ら繃帯《ほうたい》を巻いたり第一線で名誉の

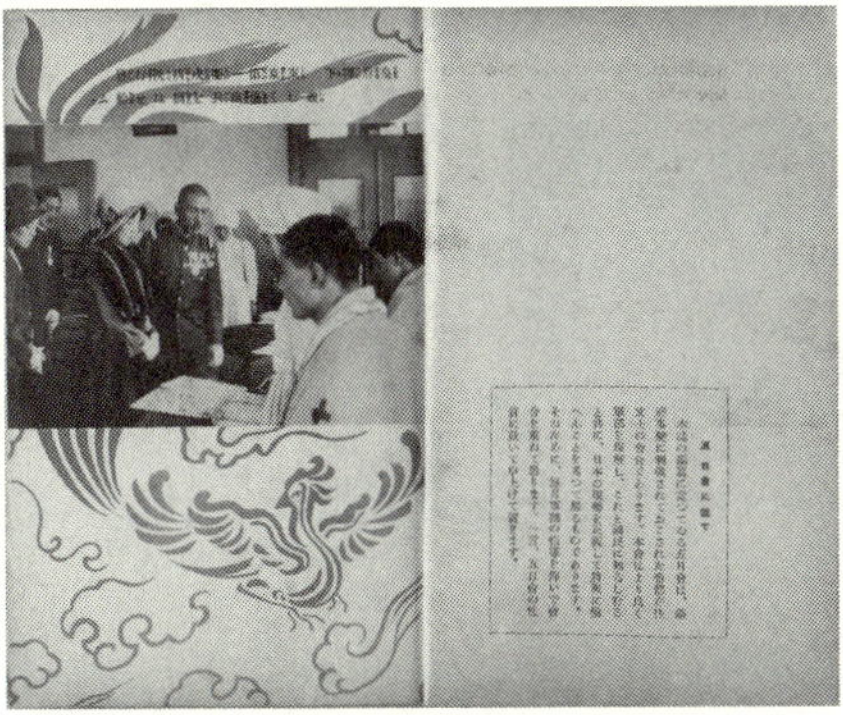

写真㉓　『恤兵』創刊号には巻頭グラビアに傷病兵を見舞う皇后の姿がある

戦傷を被った将兵に対し、繃帯、義肢、義眼を御下賜（八月五日）、繃帯三〇〇〇本御下賜（八月三〇日）、内務大臣を通し、出征及び応召軍人遺家族に多額の御内帑《ないど》金を御下賜（九月二二日）等数々の恤兵を行ったことが報告されている。

皇室挙げての恤兵体制に、「上つ方々の有難き御《み》心《こころ》もあることなれば、官民一致国民をあげて『戦闘は第一線で、戦争は国民一致で』の覚悟をもって国民精神を総動員し、未曾有の非常時に備えることになった」と、「一致」を強調する。（『恤兵』第二九号）

一方、各皇族は高松宮《たかまつのみや》殿下が代表となって心づくしの慰問品を献納、慰問品は、各皇族妃殿下が「ご自愛を籠めた缶詰、扇子、手拭い等」であった。（八月四日）

『朝日新聞』（昭和一六年一二月一一日）は、「各妃殿下　畏《おおそれ》しけふも恤兵奉仕」との見出しを付け、高松宮妃、閑院若宮妃、久邇宮大《くにのみやだい》妃、梨本《なしもと》宮《みや》妃、東《ひがし》久邇宮《くにのみや》妃らの各妃殿下が梨本宮妃総裁の日本赤十字社篤志看護婦人会へ赴き、恤兵奉仕

写真㉔　妃殿下たちは日本赤十字社に赴き、熱心に恤兵奉仕を行った

の作業をストーブのない作業室で繃帯の機械巻きなどの御作業を二時間にわたって熱心に続けられたことを報じた（写真㉔）。

『陣中倶樂部』第六四号（昭和一六年三月一日）では、前述した陸軍恤兵部員の川上護が「皇族御下賜慰問袋拝受の記」を書いている。慰問雑誌で皇族を主役にした恤兵関連記事は極めて少ないので、川上の報告は貴重なものである。その概要を紹介しよう。

昭和一六年一月一六日、川上は突然、陸軍大臣秘書官・赤松中佐《あかまつちゅうさ》から電話で「近く、各宮様方から陸海軍第一線将兵へ御仁慈《ごじんじ》の慰問袋を御下賜あらせられる旨」の伝達を受けた。

「今回のように各宮様方お揃いにて同時に御下賜あらせられることは初めてのことと て、感激のあまり受話器を置いてしまった」とは川上の素直な感想であろう。

一月二〇日、陸軍大臣の代理役の赤松秘書官とともに、指定の場所、霞が関離宮に車で向かう。玄関に到着すると、奥の一室に導かれ、海軍省の拝受者が参殿した。陸海軍恤兵部員両方が招かれたのだろう。

皇族親睦会の久邇宮家附・榊田《さかきだ》事務官について歩きながら、川上はひとつ質問をする。

「慰問袋そのものを頂戴するのでありますか、それとも目録をいただくことになるのでありますか。御写真を謹写《きんしゃ》させていただく都合がありますので」と尋ねると、

榊田事務官は、「御下賜品は陸海軍の分に区分してありまして、今月皇族親睦会の幹事に当たらせます朝香宮《あさかのみや》大将《たいしょう》殿下《でんか》から御言葉があるはずでございます」と答えた。

服装を正して御室に入ると、朝香宮大将殿下より「私達皇族よりこの度、陸海軍に対し、慰問袋を送ることになりました。こちらの希望としては第一線の兵に分配する様に」との言葉を掛けられる。御前を退出し、控室に戻ると、榊田事務官からさらに次の「有難き思し召しの伝達」を受けることになる。

「各宮様方に於かれましては、従来もしばしば御仁慈の慰問品を御下賜あらせられましたが、近頃一般に慰問品が段々減少して居るやに聞し召され、率先垂範を垂れさせられる思し召しにより、この度、各宮様方お揃いにて同時に御下賜あらせられることになりまして、内容品等も宮様方御自ら御選定あそばされました」

陸軍においては「関東軍を除く第一線の兵隊に分配するように」、とくに「軍司令官師団団長等をはじめ将校には分配せぬように」との思し召しだった。川上は、ただただ恐《きょう》懼《く》感激に浸り、夢うつつのまま、離宮を退出したのだった。

頁の最後には「皇族附武官兼恤兵部部員」の肩書を持つ浅沼吉太郎《あさぬまきちたろう》が「御仁慈に感激」の短文を寄せている。

今般当宮家より御下賜あらせられました慰問袋について侍女より伺いまするに、その作成については、宮家において種々有難きご苦心を拝しましたそうで、特に孚彦王妃《たかひこおうひ》千《ち》賀《か》子《こ》殿下《でんか》並びに湛子《きよこ》女王殿下《じょうおうでんか》には、畏くも御自らデパート等にお成りあらせられ、何くれと御心遣い遊ばされて、第一線将兵の慰安に適当な品物をお買い上げに相成りたる上、その慰問袋は侍女たちと共に御二方御自ら御針を運ばされて御作成あらせられた由に洩《も》れ承ります。

金枝玉葉の尊き御身を以て、御自らその御作成に当たらせられました有難き尊い御品でありまして、ただにこの御品を戴くものの光栄なるのみならず、国軍全将兵の感激に堪えないところであると存じます。

浅沼は皇室挙げての恤兵体制に、「上つ方々の有難き御心もあることとなれば、官民一致国民をあげて『戦闘は第一線で、戦争は国民一致で』の覚悟をもって国民精神を総動員し、未曾有の非常時に備えることになった」と、一致を強調し、文を締めくくった。

このように、『陣中倶樂部』第六四号には皇室と恤兵部員との慰問袋献納に関わる、感激の場面が再現されている。恤兵部の報告はこれまで淡々と事務的に国民による年度別の恤兵金品額が示されていることが多いため、この記事のように、ルポ形式で、恤兵部員の心情が表現されているケースはごくまれである。

川上は「恤兵部は感激の仙境である。恤兵部の服務は感激の連続であり、自己の『みにくさ』を痛感することである」と自省的に文を結んでいる。

なお、文中に現れた繃帯作りだが、明治一〇年、西南戦争時に皇后が負傷兵のために繃帯作りを行ったのがはじめとされている。これが皇室の伝統として受け継がれるようになり、日清戦争開戦時には、昭憲皇太后《しょうけんこうたいごう》が手製の繃帯や防寒用真綿などを、日本赤十字社より戦傷者や出征軍人に頻繁に下賜し、繃帯に用いた真綿は大婚二五年の際の献上品であったという。（片野真佐子『皇后の近代』講談社選書メチエ　平成一五年）

# 第五章　恤兵部が自前で起こしたメディア

恤兵部は満州事変の起こったあたりから、マスメディアの力を利用しながら、国民を恤兵に動員していく動きが顕著になる。

動員の方法のひとつは、新聞の拡散力を見込んで積極的に情報を提供し、国民に「恤兵」を浸透、推進していく道。それは先に挙げた、恤兵部に届いた恤兵金品の山を恤兵部員が先に立って公開したり、窓口に人々の押しかける様をアピールした例からも確認できる。

もうひとつは自ら、メディアを立ち上げ、そこを基地にして、情報を発信していく方向である。

ここでいうメディアとは、恤兵部が自ら立ち上げた慰問目的の月刊誌のことを指す。慰問目的といっても、兵士の戦意高揚に役立てるツールであることは明確である。この章では、恤兵金を原資とし、陸軍恤兵部、海軍恤兵係が発行元、または監修の立場で創刊した「慰問雑誌」について概観し、制作を請け負った大日本雄辯會講談社（以下講談社）、文藝春秋社（現・文藝春秋）の子会社である興亜日本社との関わりを考えていく。

## 慰問雑誌の嚆矢、『恤兵』創刊

昭和七年九月一日、恤兵部発行（東京都麴町区永田町　陸軍省内恤兵部）、編纂所五日会《いつかかい》（東京市小石川区音羽町五丁目一七番地）による慰問雑誌が世に出る。

書名は雑誌の性格を直截的に言い表した『恤兵』（四六判、総二〇〇頁前後、非売品）である。

『恤兵』はその後、日中戦争時に発行された、陸軍慰問雑誌『陣中倶樂部』（昭和一四年〜昭和一九年）や海軍慰問雑誌『戰線文庫』（昭和一三年〜昭和二〇年）につながる、娯楽系慰問雑誌の嚆矢《こうし》と目されるものである。

『恤兵』が創刊された昭和七年は、一月に第一次上海

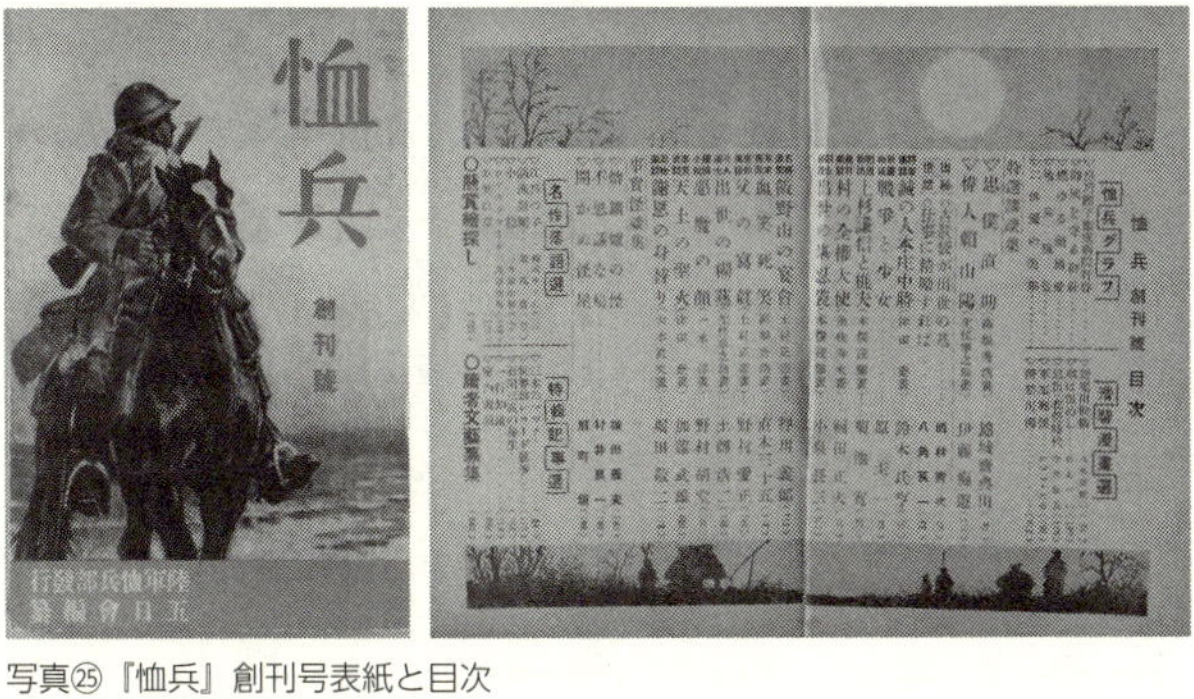


写真㉕『恤兵』創刊号表紙と目次

事変が起こり、三月には「五族協和」「王道楽土」を掲げた傀儡《かいらい》国家、満州国建国宣言発表、五月には海軍の青年将校たちが官邸で犬養《いぬかい》毅《つよし》首相を銃撃し、死に至らしめた五・一五事件が起こっている。国内に不安と不穏な空気が漂い始めた時期での創刊である。

『恤兵』創刊号の奥付にある「編纂だより」には、『恤兵』の読者対象を満州国警備にあたっている戦士諸君としている。その言葉を裏付けるかのように、表紙は極寒の地、満州を護衛する馬上の兵士である。つまり、見えるものは雪山しかない環境に放り込まれた彼らに、ひとときの娯楽を提供すること、それが創刊のうたい文句である。

彼らの精神的疲弊は建設途上にある満州国の行方をも左右しかねない。メンタルの栄養補給に娯楽雑誌が提供されたのである。

「編纂だより」には、

故国を離れて遠く満州国の地にあつて、わが帝国の生命線の警備にあたつて居られる戦士諸君のために、余暇の徒然《つれづれ》をお慰めする意味で、この雑誌『恤兵』が生まれました。短時日の間に編纂しましたので、思いの十分の一も果たす事もできませんが、これによつて、皆さんの徒然を幾分でもお慰みできれば幸甚《こうじん》に存じます。当分は隔月発行といふ事になつて居りますから、次号は十一月号といふことになります。

と続く。

いわば、軍隊をひとつの企業として捉えれば、これは社員である兵士の福利厚生を目的にした、贅沢《ぜいたく》な社内報と捉えることもできる。

編集後記では「雑誌『恤兵』は皆さんの雑誌です。今後は皆さんの手によつて号を追つて改善していきたいと存じます」と編集部宛ての便り、川柳《せんりゅう》、都都逸《どどいつ》、俳句、短歌、漫画などの投稿を呼び掛けている。だが、軍部が配布する雑誌である。兵士へ慰安の提供と銘打ってはいても、真に意図するところは、兵士に銃後の支援の様子を伝え、それによって戦意を奮い立たせること。編集が注力している点はそこである。

具体的に誌面を見ていこう。

グラビア頁には「恤兵グラフ」と銘打ち、皇后の傷病兵慰問、靖国神社や伊勢神宮などの「御国を守る御社」の風景に続き、恤兵金、慰問袋を手に、陸軍恤兵部に詰めかける「燃ゆる祖国愛」を胸に抱いた女学生、子供、学生らの姿、次に、愛国婦人会の慰問袋制作、芸者たちが宮城前で満州派遣軍の無事息災を祈る万歳風景などが見開き一面に賑やかに展開されている。まさに、この頃には、すでに国を挙げての恤兵事業が成立していたということだ。

「雑誌『恤兵』は諸君のための雑誌です」とは、『恤兵』の編集後記に現れるキャッチフレーズだが、当初は戦地と銃後とのコミュニケーションを目指していたのであろうことが、頁の端々《はしばし》から感じられる。

グラビアの最後には「二俳優の美挙」として映画『丹下左膳《たんげさぜん》』で人気を博した時代劇スター・大河内傳次郎《おおこうちでんじろう》、松竹蒲田撮影所のトップ女優・八雲恵美子《やぐもえみこ》のサイン付きブロマイド仕様の写真が載っている。大河内には「鉄兜を多数献じた大河内傳次郎」、八雲には「手拭いを千本寄せた八雲恵美子」とキャプションがつけられて、『恤兵』の趣旨が細部にまで行き届いている。

写真㉖　『恤兵』創刊号グラビアには祖国愛に燃えた国民の姿が見える

しかし、裏を返せば、創刊時にはすでに、銀幕のスターやいまでいう美人アイドルが本人の意思にかかわらず、恤兵金品献納のための広告塔に仕立てられていることがよくわかる。

次の活版頁は創刊のはなむけに贈られたものであろうか、ネームバリューのある人気作家による大衆小説が続く。

鈴木《すずき》氏亭《しこう》「誠の人本庄中将」、菊池寛「上杉謙信と樵《きこり》」、直木《なおき》三十五《さんじゅうご》「血笑死笑」、野村《のむら》胡《こ》堂《どう》「悪魔の歌」、加藤《かとう》武郎《たけろう》「天井の聖火」など、小説一二篇すべて売れっ子作家を揃え、そればかりか、映画ノベライズ、講談、落語、漫画など、読者である若い兵士が喜びそうなコンテンツが満載である。

しかし、こんな充実した内容を備えた『恤兵』創刊号だが、これが国民による恤兵金を資金源として制作されたという肝心なことが、誌面のどこにも書かれていない。なぜだろ

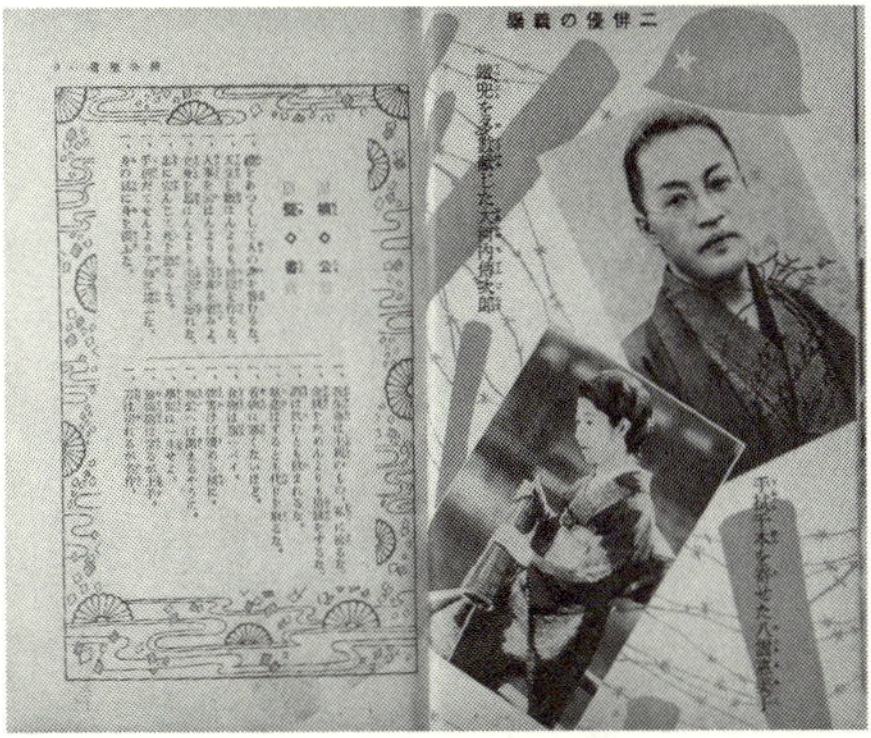

写真㉗　昭和７年にはすでに芸能人による献納が行われていた

う。現在、『恤兵』は、創刊号と第二六号から第三五号まで欠号があるものの、全一〇冊が講談社に合本《がっぽん》状態で所蔵されているが、第二六号（昭和一二年二月一〇日）ほかの表紙裏には、「恤兵誌は国民の熱誠なる恤兵金を以て調整、従軍将兵慰安のため配布するものであります　陸軍大臣官房」と明確に記されている。

## 軍部と文学者の集まり　キーマン「五日会」

『恤兵』創刊号の表紙はごくシンプルなものだが、「陸軍恤兵部発行　五日会編纂」という文言が印刷されていることに注目したい。この「五日会編纂」に関しては、表紙裏に説明がある。

五日会に就《つい》て

本誌の編纂に当たつてゐる五日会は、満州事変に刺激されておこされた帝都在住文士の会合であります。本会はより良く軍部を理解し、これを国民に知らしめると共に、日本の現勢を正視して将来に備へんことを希つて居るものであります。

そのために、毎月軍部の指導を仰いで会合を重ねて居ります。

とある。

『恤兵』創刊号は、平成一一年に文芸評論家の尾崎秀樹《おざきほつき》死去後、平成一七年も尾崎夫人より神奈川近代文学館に寄贈されている。尾崎は五日会の組織内容について『大衆文学論』（勁草書房　昭和四〇年）で触れている。

大衆文学の体制順応は、すでに日本の中国侵略が、東北地区で火をふいた昭和六年いご（引用者注：原文ママ）の傾向であった。昭和五年、満州各地を旅行した直木三十五は「満州事変」の翌（昭和七）年一月に、讀賣新聞紙上を借りて「ファシズム宣言」を行ない、「一九三二年より、一九三三年まで、ファシストであることを万国に対して宣言」した。（略）直木は「満州事変」前後に少壮軍人とのつきあいを深めたものらしく、第一次上海事変直後に開かれた「五日会」の会合（正確な日時はわからない。直木の記載に従っておく）には、三上於菟吉《みかみおときち》、吉川英治を含む十数人と共に出席し、参謀本部の根本中佐、武藤少佐、調査部の石井少佐らと懇談《こんだん》している。この「五日会」はもともと参謀本部の松崎少佐が主となって組織した少壮軍人の社交クラブ「第三クラブ」と大衆作家グループの時局懇談の集まりであった程度のものだったらしい。

とある。尾崎の述べる「五日会」と『恤兵』の編纂を行った「五日会」が同じ組織であるかは、現在のところ、不明である。だが、軍部と文学者たちの集まりである「五日会」とが、重なることは十分考えられる。

ところで、現在、『恤兵』創刊号は発見されたものの、次の第二号から第二五号まででは未《いま》だ発見できないため、創刊以降二四号分の『恤兵』の誌面の変化が見えない。

ちなみに、筆者は講談社に所蔵がない『恤兵』第四〇号（昭和一四年二月二五日発行）を古書店で入手したが、次の最終号である第四一号は現在まで、見つかっていない。

話を元にもどすが、創刊号と第二六号以降の違う点は発行元が第二六号から第二八号まで「陸軍大臣官房」、第二九号から第三九号までは「陸軍恤兵部」となっていることである。これは前述した恤兵部の組織の変遷通りである。

編集は依然、「五日会編纂部」であるが、創刊号と同じメンバーが制作側にいたかどうかは不明である。多分、大幅な入れ替えがあったのだろうと推測する。

というのは、作家の直木や菊池の作品を掲載したことにより、文芸誌の色合いが濃かったものから、第二六号の誌面は講談をメインにし、落語、時事ニュース写真、漫画、面白話　軍歌、映画物語、豆知識、兵士の投稿による陣中便り、陣中文芸、恤兵美談などで構成されている。講談が柱になっているという点が創刊号と大きく異なる点である。

『恤兵』第二九号の巻頭講談は「関ケ原戦記　大谷刑部《おおたにぎょうぶ》の首」で、作者は木隅坊伯麟《でくのぼうはくりん》という無名の講談作家である。この作品の冒頭部は「申すまでもないが、我が日本国人には日本魂というものがございますので諸外国と戦争しても負けたことはございません。その日本魂は、どういう所にあるかというと、即ち忠孝仁義礼智信《ちゅうこうじんぎれいちしん》、この道を能《よ》く守りますから、戦争をしても勝つのでございます」と不敗日本を説いて始まる。最後は主君のために命を捧げる忠臣の死で幕を閉じる。このように掲載された講談のストーリーは類型化しているが、繰り返すことによって兵士のナショナリズムを喚起させる意図があったのだろう。『恤兵』はその点では、愚直なまでに発行目的を遵守し、ぶれはない。まさに日本帝国主義の時代の産物である。

『恤兵』の執筆者は、一〇冊（講談社所蔵分）五四名中、明らかに小説家と言えるのは、大倉桃郎《おおくらとうろう》ら一〇名に過ぎない。

『恤兵』に言及した三重短期大学法経科教授の竹添敦子《たけぞえあつこ》は、掲載作品の八割以上が講談で占められていたため、「全体としての印象は、機関誌を拡大したようなもので、地味であり、前線の写真も添えられているので、いかにも陣中誌のイメージである」「『恤兵』とは、いわば講談本に滑稽《こっけい》ものを加え、そこに軍の衣を着せた雑誌である」と第二六号以後の『恤兵』を分析している。

**回を追うごとに増頁になる「恤兵美談佳話集」**

『恤兵』の『恤兵』らしさは何と言っても、銃後による献納のエピソード集「銃後の香り」の存在だろう。この頁は新聞の恤兵美挙、恤兵美談と類似の内容なので、足並みを揃えているといっていいだろう。第二六号では九頁だったものが第四〇号では「恤兵部便り（恤兵美談佳話集）」となり、一八頁に拡大している。恤兵部はその理由を、

聖戦第二回目正月を迎え支那大陸では、新東亜誕生の胎動が感じられる時、銃後にあってはいよいよ長期建設の熱意が固められつつある。いかなる外部の圧迫ありとも、聖戦目的を達成するものは、一歩も退かじの決意が固く固く胸に秘めている。この決意を端的に表すものとして十二月より正月にかけての献金は、実に多種多様の美談を成し

ている。

とし、銃後が恤兵部に届けた献金を「美談」と称し、読者兵士に「諒《りょう》」として読んでほしいと述べている。注目するのは、献金者のなかにはのちに漢口攻略戦に従軍する作家の林芙美子、人気俳優の片岡千恵蔵《かたおかちえぞう》の名前があることだ。林は金五〇〇円を、片岡は煙草のゴールデンバット一万個代として金八〇〇円を付き合いのあった作家・長谷川伸《はせがわしん》に託して献納したとある。各恤兵エピソードの文末には「さすがは日本人なればこそと、力強き限りではあるまいか」「これら第二の国民の純情を思ふと、涙ぐましさを覚えるではないか」等々、誇張した表現で読者に同意や感動を求める文脈になっている点が特徴である。『恤兵』は『陣中倶樂部』と同様に部隊ごとに数冊配付され、一人ひとりの手には渡らなかったらしい。奥付には、「国民の熱誠なる恤兵金を以て作成し、無料にて在満支軍兵士に配布するもので個人的に販売することは出来ません」と答えている。『恤兵』の正確な発行部数は不明である。

なお、『戰線文庫』のほうは「海外派兵がピークに達した昭和一七年頃には、一号あたりの発行部数が二〇〇万部を越えていた」（橋本健午《はしもとけんご》『「戰線文庫」解説』日本出版社　平成一七年）との証言も残っている。

## 海軍将兵へ。慰問雑誌『戰線文庫』の船出

昭和一三年九月、海軍恤兵係は開戦以来、ペン部隊の派遣など文化政策を推し進めたなかから、蓄積した銃後の情報をまとめ、戦地の兵へ伝達する〝器〟として、新雑誌を創刊する。海軍慰問雑誌『戰線文庫』の誕生である。初の陸軍慰問雑誌『恤兵』創刊から六年後、海軍では初めての試みだった。

『戰線文庫』創刊号は陸軍の『恤兵』に比べれば、表紙は鮮やかなカラーを使い、兵士が息抜きに軽く読める大衆小説、講談、落語、漫画、それに、グラビアは人気の女優、歌手で構成され、年頃の男性仕様に作られていた。いまでいえば、男性週刊誌か芸能誌のようなキャッチーな作りとも見えなくもない。発行・制作は民間の出版社、興亜日本

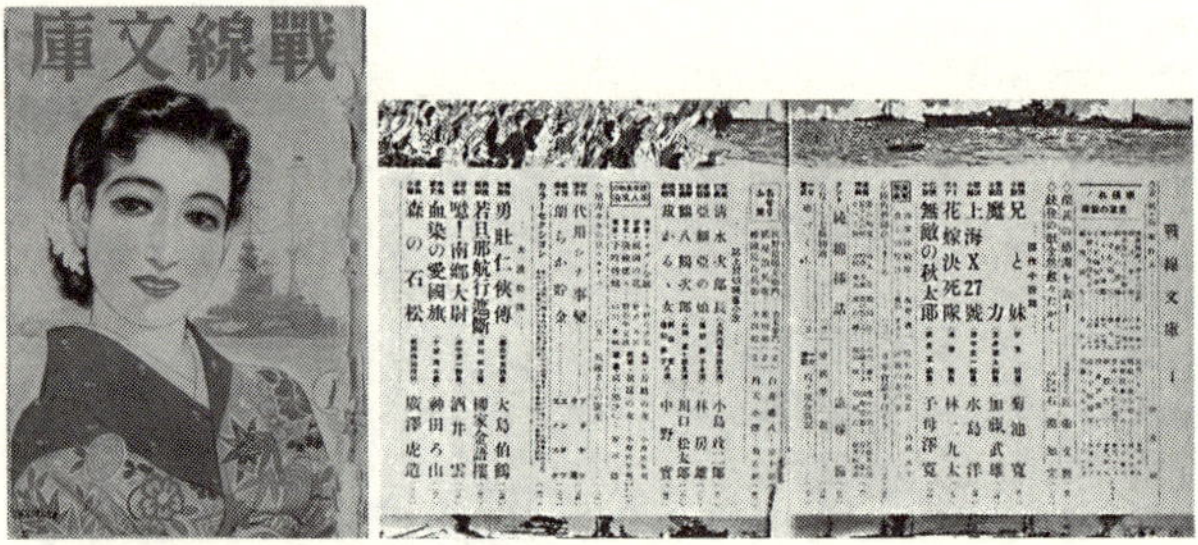


写真㉘ 『戰線文庫』創刊号　表紙と目次

社が行い、軍は一歩退き監修の立場を取った。

興亜日本社は、『戰線文庫』のために立ち上げた文藝春秋社の実質子会社である。代表の矢崎寧之《やざきやすゆき》、編集長の大島敬司《おおしまけいじ》は文藝春秋社が創刊した娯楽雑誌『モダン日本』の編集長（大島）であり、編集部員（矢崎）である（昭和七年「モダン日本社」として独立）。

創刊には、文藝春秋社の社主で作家の菊池寛が関与していると思われる。菊池と海軍とのつながりのなかで、真っ先に挙げられるのは、ペン部隊の海軍班で従軍したことだろう。帰京後、菊池の元には原稿依頼が殺到したが、「ペンの従軍により得た報酬は渡すべきものに非ず」と第一回原稿料分一五〇〇円を共に従軍した作家の吉屋信子《よしやのぶこ》と海軍省へ持参した。それだけにとどまらず、著作や慰問袋を前線で世話になった兵士に送った。情に厚く、涙もろい菊池らしい戦地への感謝の表し方だった。菊池は『朝日新聞』に談話を発表している。

世間では、私達は前線に出るとすぐ帰って来てしまったように思っているだろうが全部海軍で組んでもらった旅程によったもので、しかも前線ではよくここまで来たと驚かれる位だった。戦線の将兵にはむしろ厄介《やっかい》をかけたが、親切にしてもらえばもらうほど却《かえ》って身の縮む思いだ。真剣な前線の人々のことを思えば、今更に文筆奉公事を感じ、其の報酬もすべて私出来ずと感じ、第一回として僅《わず》かだけだが、献納することになったのだ。私達はすべて個人的に自分の著書を送り、また、忙しい中にも出来るだけ銃後の留守宅を訪問しようと申し合わせたわけだ。(『朝日新聞』昭和一三年一〇月一六日)

菊池が帰国する以前から『戰線文庫』の九月発行は当然決まっていたことだろう。とすると、従軍は慰問雑誌に携わる際の現地視察、併せて読者動向調査も含んでいたのだろうか。菊池が海軍恤兵係から『戰線文庫』制作を受諾したという確たる資料がないため、これはあくまで、筆者の推測に過ぎない。

では、海軍恤兵係では、『戰線文庫』創刊をどんな趣旨、目的によって、決めたのだろうか。

海軍省が銃後の献納への取り組みをまとめた『銃後赤誠譜』(興亜日本社　昭和一六年)には、次のように書かれている。

海軍恤兵雑誌『戰線文庫』は、事変いよいよ拡大し、その進撃と警備の前線に恤兵読物が必要となった昭和一三年七月に創刊された（著者注：原文ママ。『戰線文庫』奥付では、昭和一三年九月創刊となっている）。

以来、毎月一回遅滞なく刊行され、海軍、海軍省恤兵係監修指導のもとに、編纂は興亜日本社に委嘱《いしょく》されているが、その内容は号を追うて刷新充実され、前線海軍将兵慰恤読物と教養と銃後消息を盛り、恤兵金を以て作成され前線あまねく配布されている。

同書では、『戰線文庫』の読書効果についても言及し、①陣中の労苦を洗い去り、②銃後の恤兵運動を知り、③前線にいながら、海軍諸学校の新旧試験の受験勉強ができ、④各地の戦友と消息を交換しうる、⑤いまでは海の勇士の戦地の無二の伴侶となっていると、大きな自信をのぞかせている。

**遊び心満載『戰線文庫』と『モダン日本』の類似点**

興亜日本社は、海軍と文藝春秋社が持ち株同数の株主になって、昭和一三年に東京市日本橋区呉服橋《ごふくばし》で興亜日本社を設立した。（矢崎泰久《やざきやすひさ》「『戰線文庫』の時代」、『月刊ウィル』

ワック出版　平成一七年一〇月号所収）

後に、興亜日本社は東京市麴町区内幸町《うちさいわいちょう》に移転するが、正面にある大阪ビルには文藝春秋社があり、ふたつの出版社の密なつながりを想像させる。

矢崎、大島が文藝春秋社に在籍していた時、編集者として仕事に携わっていたのは娯楽雑誌『モダン日本』だが、菊池寛が創刊したこの雑誌と『戰線文庫』とは内容に類似性が見られる。

具体的にいえば、『戰線文庫』が創刊された昭和一三年から昭和一四年当時の『モダン日本』は大衆小説、随想、時局（軍事）評論、コント、座談会、戦地からの通信等々で構成されているが、軍事関係記事を除けば、誌面構成やデザイン、レイアウトまでも『戰線文庫』と似ている。

また、人材の重なりも見られる。例えば、作家（丹羽文雄《にわふみお》、海野十三《うんのじゅうざ》、高見順《たかみじゅん》、白井喬二等）、グラビア掲載の女優（桑野通子《くわのみちこ》、水の江瀧子、山路ふみ子等）、コント、漫才（古川ロッパ、横山エンタツ等）、画家（伊東顯《いとうあきら》、志村立美《しむらたつみ》、木村俊徳《きむらとしのり》等）らが、両誌を横断しているのである。それにも増して、モダンであか抜けた、遊び心満載というのが最も重なる点だろう。

なかでも、『戰線文庫』は創刊号から、はじめの一、二年ほどはたいして軍部から注文も入らず、戦争に関する情報も抑えられ、結構、自由闊達《かったつ》に編集していたのではないかと思わせる、誌面にしゃれた雰囲気が漂っている。

翌年発行された陸軍恤兵部発行、大日本雄辯會講談社編集の『陣中倶樂部』（『恤兵』を改題）のきっちりと読ませるプロフェッショナルな誌面とは大いに異なる点である。

いわば、『陣中倶樂部』は講談社社長の野間清治率いる『講談倶樂部』を手本とし、『戰線文庫』は菊池寛率いる『モダン日本』が手本だったとすると、陸軍、海軍のメディア戦略の違いが見えてくるようである。陸軍は大衆の好む庶民性を、海軍は大衆の望むモダニティをそれぞれの雑誌に注入したというのが筆者の考えだ。

さらに、陸海軍恤兵部がふたつの出版社に慰問雑誌の編集制作を依頼したのは、菊池が映画雑誌『映画時代』の発行人、後には大日本映画製作株式会社（大映）の初代社長になって映画産業に乗り出していったこと、野間がキングレコードを誕生させ、出版のみならず、メディアミックス型企業運営で、大衆の心をさらっていったことも理由として挙げられるだろう。

注目すべきは、菊池が、『戰線文庫』の誌上座談会（「文芸家と恤兵部主務海軍士官が語る銃後と戦地を結ぶ座談会」）でこんな発言をしていることである。

僕は恤兵協会としては、時には俳優を動員して、芝居をやり、その入場者全部に、金をとらず、その代わり、みんな一つ宛慰問袋を持ってきてもらい、これを恤兵部へ献納するといったような何か目新しい案を立て、それを実行した方がよくはないかと思いますね。（『戰線文庫』第三九号　昭和一七年一月一日）

このとき、すでに菊池が関与した「恤兵協会」が存在したのか、構想だけのものなのか、定かではないが、慰問隊、慰問雑誌、軍部イベントに芸能界の人々が積極的に動員された陰には、文藝春秋社のみならず大映（新興キネマ、大都映画、日活の合併により誕生）の社長も務めた、メディアミックスの先駆者・菊池の協力の陰もちらつく。

さて、話を『モダン日本』に戻すが、この雑誌には、編集者が雑感を書く編集後記にあたる「ボクラのページ」がある。ここに矢崎寧之、大島敬司の名前を発見することができた。「ボクラのページ」欄の上には、「皇軍将兵慰問品としてモダン日本をご利用ください」と社告が掲載され、「陸軍恤兵部」「海軍恤兵部」御中とし、『モダン日本』の表紙に切手を添付して帯封で巻き、投函《とうかん》するように指示がなされている。これは、ほかの雑誌にはない措置だが、恤兵部と『モダン日本』の間で了解ができていたと考えるのが自然だろう。

## 『戰線文庫』と『銃後読物』

昭和一五年一一月から『戰線文庫』の銃後版といえる『戰線文庫　銃後読物』が誕生する。『戰線文庫』が恤兵金で制作されているために無料で配布されたが、『銃後読物』は定価四〇銭（第四四号のみ特価五〇銭）で市販された。判型は『戰線文庫』と同様のB６判だが、途中からA５判になっている。頁数ははじめ『戰線文庫』と同じ二〇〇頁あったものが、終戦に近づくにつれ国内のほかの雑誌と同様に減頁になった。戦地向けの『戰線文庫』第七七号が二〇〇頁を維持していたということを考えると、やはり、恤兵部（『戰線文庫』第七七号奥付では、「監修・配付海軍省恤兵部」と

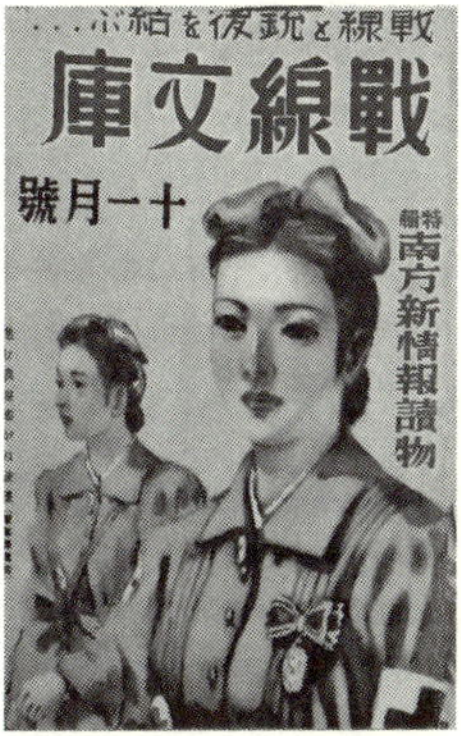


写真㉘　銃後向けに『戰線文庫　銃後読物』が発行された

なっている）では、兵士の慰安に特化した戦地版に力を入れていたと考えられる。誌面内容はほぼ同じだが、頁を入れ替えたり、タイトルを変更したり、細かいところで調整がなされている。第二五号の奥付には、銃後版の発行趣旨を「事変発生以来国策協力に邁進の『戰線文庫』は、更に戦地と銃後とを結ぶ緊密融和の新体制誌として躍進せんとしています。今や南太平洋の新事情に即応し、『南方新情報読物』を特集し、更に緊急の海洋、軍事普及と恤兵援護の国策的文化役割を奮闘、邁進せんとするものであります。切にご愛読のほどをお願い申し上げます」と書かれている。（『戰線文庫　銃後読物』三月号）

恤兵係は「軍事普及」と「恤兵援護の国策的文化役割」を改めて強調している。一方、発行元の興亜日本社は「新体制誌」「国策誌」編集の役割を果たすのはもちろんのこと、店頭販売誌に切り替わり、購読者を増やす努力も課せられることになる。

しかし、昭和一八年一二月発行の『戰線文庫　銃後読物』第六二号の編集後記では、「今や、戦局の様相ますます深刻苛烈《しんこくかれつ》となり」と前置きし、「海軍の戦局読み物雑誌としてのわが『戰線文庫』も用紙節減の折柄益々入手困難となって参りました」と弱音を吐くようになる。

また、創刊号では「娯楽と実益の読物」「銃後のあらゆる消息を網羅」としていたものが、戦況の影響により、方向性を大きく変えているのである。『戦線文庫　銃後読物』は昭和一九年には「海軍経理学校　決戦特集」を打ち出し、海軍の恤兵の業務を兼ねる海軍主計課士官にスポットをあて、一冊まるごと、海軍経理学校の紹介に費やしている。現在残存する『戦線文庫』の最終号（昭和二〇年三月一日発行）は岐阜県図書館に所蔵がある第七七号だ。

乾坤一擲《けんこんいってき》を賭ける比島の決戦はいまや深刻苛烈、わが前線勇士の果敢な体当たり戦法によって、敵の膨大な物量攻勢に対し、多大の出血を余儀なくさせていますが、銃後にあるもの斉《ひと》しく感謝の念を禁じえないのであります。しかし、敵の戦意も侮りがたく、執拗《しつよう》果敢な補給をつづけて殺到しつつあります。いまこそ敵の物量に思い知らせる絶好の神様が到来したのだと、銃後国民もまた前線勇士に後れをとることなく、体当たり戦法をもって闘っています。

戦地、銃後、どちらも体当たり戦法とは、威勢の良い言葉を用いているが、危機感はすでに隠しようがない。恤兵部の快進撃と共に、幕を開け、恤兵部の後退と共に『戦線文庫』も終焉《しゅうえん》を迎えた。国内の恤兵金も減少し、雑誌本体の輸送も困難になっている。他方、『朝日新聞』には昭和二〇年五月号の予告が掲載されていて、制作は完了していたものの、兵士の元には届かなかったのが何号があったことを感じさせる。

写真㉙ 『戰線文庫』の最終号 第77号（岐阜県図書館所蔵）

## 講談社が『陣中倶樂部』の制作を引き受けたわけ

『戰線文庫』が創刊された八か月後、陸軍恤兵部からも講談社編集による月刊の慰問雑誌『陣中倶樂部』がスタートする。いや、厳密にいえば、先の『恤兵』に、娯楽雑誌作りに実績のある講談社のカラーを加えた、リニューアル版である。

講談社が恤兵部から新雑誌の立ち上げを依頼された背景には、戦地で本、とくに娯楽読み物に飢えた兵士の姿があった。

「面白い雑誌を送ってくれ」

兵士らから、毎日のように届く、雑誌を渇望する声、声、声。その勢いに押されるかのように、『講談社社内通信』では、「戦線の勇士が我が社の雑誌をどんなに待ち焦がれているか！」という見出しで、兵士の手紙を公開している。

　拝啓、北支派遣の一兵士です。小兵八月召集を受け只今は〇〇（引用者注：ママ）にて御国のため微力を尽《つく》して居ります。小兵ある機会に御社の『キング』十一月号を入手致しました。陣中で『キング』を読むことの出来た我々兵は何と幸福でしょうか。内地の様子も分からず、まして戦況ニュースも一向我々の耳には入らぬのです。その我々が『キング』を見た時の

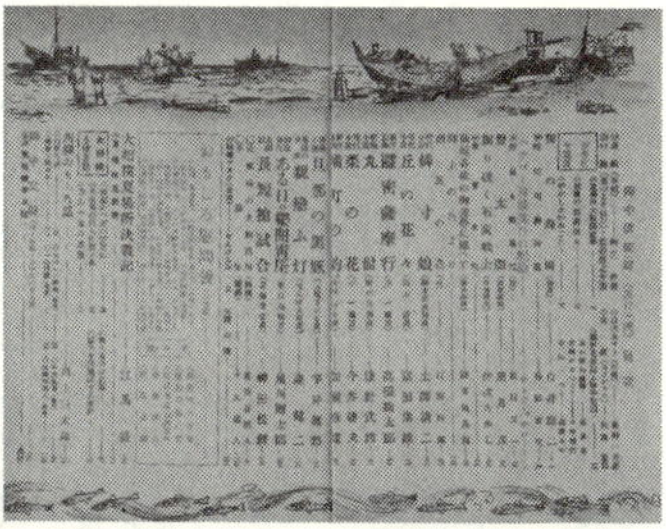

写真㉚　『陣中倶樂部』第103号の表紙、目次、グラビア。グラビアには女優の田中絹代の姿も見える

喜び——想像してください。(『講談社社内通信』第四五号　昭和一二年一一月二五日)

上海戦線視察から帰国した作家の木村毅《きむらき》も、「戦線に於いて、最も多く読まれている雑誌は『講談倶樂部』と『キング』だそうだ」と前置きをして、

表紙の撚《よ》れ撚れになった『講談倶樂部』(月遅れではない、兵の手から手に渡るので、汚損が早いのである)を食いつくように読んでいる。(略)無論《むろん》戦地だから、娯楽期間は何もない。兵は殆《ほとん》ど不眠不休だ。僅《わず》かの交代時間を利用して、『キング』や『講談倶樂部』を読む。これが兵士達には無上の楽しみなのである。(『講談社通信』号数記載なし　昭和一二年一〇月一七日)

木村の報告によると、作家の吉川英治も北支戦線から帰ってきたときには、木村と同様のことを語った。

雑誌にありついた——無論買うのだ。戦地では雑誌がないから買ってもありついたと

か言う――兵は、雑誌を読むというより、食べている。一字一字をむさぼり食べている。と（引用者注：吉川は）話して居られた。（『講談社通信』号数記載なし　昭和一二年一〇月一七日）

講談社では戦地の要望を受けて、各雑誌に「慰問袋には雑誌を」と刷り込み、戦争という絶好の商機を逃さないように大わらわとなっている。

木村毅の戦地報告が掲載された翌号の『講談社社内通信』は、「陸海軍の恤兵部おお喜び　『幼年倶樂部』が皇軍慰問絵葉書を計画」として、講談社の『幼年倶樂部』が一一月号の付録として付けた皇軍慰問用の『日の丸エハガキ』の宛先を陸海軍恤兵部にするよう「ご指導を仰ぎに伺った」との記事が載る。

恤兵部は大賛成し、すぐに以下のコメントを出した。

兵隊さんは、子供さんの慰問文を非常に喜びます。どうです。住所氏名のほかに、学年も書き込むように教えてやっては……そうすれば一層喜ばれますね。宛名は当方恤兵部宛に出して下されば、出来るだけ早く、戦地へ届けますよ。

講談社でも、恤兵部の早速の好意に上機嫌でこう答えている。

十一月号が発売されて、可愛い慰問絵葉書が両省恤兵部に殺到したら、どちらでも『幼年倶樂部』の勢力の素晴らしさに驚嘆されることであろう。（『講談社社内通信』号数記載なし　昭和一二年一〇月一七日発行）

いずれにしても、「慰問」がメディアのトピックに上がり、また、部数獲得にもつながっていったことが分かる言説である。

さらに、講談社は出版物を送り込むだけでなく、野間社長の名で、陸海軍恤兵部に戦地の野戦病院、陸海軍病院に収容されていた兵士対象に、雑誌・付録、全集、単行本、絵本等五万三五九六冊を寄贈している。この記事には、社内の廊下に山と積まれた慰問袋と本社前にずらっと並んだ車に慰問袋を運び込む二枚の写真が添えられている。

## 「出版報国」「雑誌報国」「栄養報国」

一方、この時期、講談社は「出版報国」「雑誌報国」と並んで、「栄養報国」を標榜《ひょうぼう》し、滋養飲料「どりこの」の販売に力を注いでいた。「どりこの」は軍医だった医学博士・高《たか》橋孝太郎《はしこうたろう》が中心になって開発に着手の末、昭和二年に誕生した栄養剤で、果糖とブドウ糖が主成分だった。「どりこの」は初め店頭販売を三越に限定し、店内で飲めるのは資生堂だけという、希少品扱いだったが、高橋博士は付き合いのあった野間に請われて講談社商事部で研究し、大量販売にまでこぎつけた。昭和六年には二三〇万本、昭和七年には一九〇万本と爆発的な売れ行きを示した。

昭和六年に大阪で開催された満蒙博覧会《まんもうはくらんかい》には高さ二〇メートルの「どりこのの塔」を立て、「飲めば直ちに血となり精力となる」をうたい文句に、大宣伝を展開した。いち早く、このスーパー飲料の評判は軍部の耳にも届き、「陸軍より三度に亘《わた》って『どりこの』のご用命」（『講談社社内通信』）があり、講談社商事部は陸軍恤兵部から大量の発注を受けたことを明かしている。

講談社は見事に時局に足並みを揃えた。昭和一三年、講談社の各雑誌には「国民精神総動員」の円形のマークを刷り込み、『婦人倶樂部』四月号には、「今こそ真剣！一億同胞総だすき」、『講談倶樂部』一〇月号では、「雑誌は銃後の堅め、戦線の慰問」の標語を表紙に刷り込んだ。昭和一三年五月には陸軍恤兵部が発行し、講談社が制作を請け負った慰問雑誌『陣中倶樂部』が誕生する。

『恤兵』から『陣中倶樂部』に移行した経緯は、恤兵監・佐々真之介《さささしんのすけ》が「改纂《かいさん》の辞」でこう述べている。

恤兵部と致しましては、色々の仕事の中、第一線将兵の為には、主として、慰安娯楽に関し、官費を以ては行き届かぬ最も現地の実情に即応し、人情味豊かにして所謂痒《いわゆるかゆ》い所に手の届くような施設につき考究実施して居るので有ります。その一つとして、満州事変以来『恤兵』を戦線の勇士に贈り、「陣中の徒然を慰安するため」かつ銃後の状態をお伝えし、以て激励慰安の資に供し、号を重ぬることすでに四十一に達しております。（略）講談社に委嘱し、内容体裁共に一大刷新の上、誌名もその内容に相応《ふさわ》しく、『陣中倶樂部』と改め、陣中の勇士各位を訪れ、慰問せしむることといたしたので有ります

受注された講談社のほうでも、軍部の信頼を感じて、快く引き受け、地味な誌面を写

真、挿絵、漫画を多用し、娯楽色の強い慰問雑誌へと変換させた。

『講談社の歩んだ五十年　昭和編』によれば「この四月から、陸軍恤兵部の委嘱によって、前線の将兵慰問の雑誌『陣中倶樂部』を社で編集することになった。初代編集長には尾張真之助《おわりしんのすけ》が就任し、昭和十五年、木村喜一《きむらきいち》がその後を継いだ」とある。編集部は尾張を含めて四人体制でスタートした。

　このとき、講談社は昭和一三年九月発布の新聞用紙供給制限令に基づき、雑誌用紙約二〇パーセントの節約を命じられていたのである。しかし、軍の委嘱編集の形で引き受けた『陣中倶樂部』の発行で、ほかの雑誌が頁数を削られるようなことがあってはまずい。苦慮の結果、商工省と交渉を重ね、『陣中倶樂部』を別枠扱いにさせて、何とか用紙の確保に成功したという。（講談社社史編纂委員会『講談社の90年』講談社　平成一三年）

　昭和一八年敵性語禁止により、講談社の看板雑誌『キング』が誌名を『富士』と変えさせられ、大幅に減頁を強いられるなか、唯一『陣中倶樂部』は創刊号の二三二頁に比べれば、多少薄くはなるものの、最終号の一〇六号（昭和一九年一一月一日号）では、一五五頁を保っている。

　これは、軍が①最後の最後まで娯楽という名の精神爆弾に期待、②戦う銃後の姿を兵に届け、奮起を促す装置、すなわち、兵士へのプロパガンダを期待していたことが理由として挙げられるだろう。終戦間際、国民からの恤兵金が乏しくなるなか、慰問雑誌発行に恤兵金を注いでいたのだから、依然重要なポジションを占めていた、いや、むしろ、この期に及んでもなお、すがるは「戦地と銃後を結ぶ絆《きずな》誌」だったのであろう。

『陣中倶樂部』第一〇六号には人気の女優、高峰三枝子がモンペ姿で防空壕から出てくる姿がグラビアにある。二六歳になった高峰は大歓迎を受けた満州、北支の慰問から帰ってきたばかりだ。

写真㉛『陣中倶樂部』第105号（昭和19年10月発行）の表紙は、軍需工場で汗を流す女性（著者所蔵）

　あちらの兵営や病院を訪れて皆様に大へん喜んで頂きましたし、私も懐しい皆様方に会えてほんとに嬉しく存じました。
　内地もこの頃では、あの憎い米機がしきりに覗っているようでございます。でも大丈夫この通り準備完了です。この防空壕に入れば何時間でも一人座席に頑張っていられます。いつ空襲があっても、決して周章《あわて》ず騒がず日頃の訓練にものを言わせて、来たら最後、コッぴどく叩き伏せてやりますわ。相当な強がりやさんですって？　いいえ本当ですのよ。そらッ空襲警報！　ちッとも怖くありませんわ。

敵機を「コッぴどく叩き伏せてやりますわ」と意気軒高な高峰である。名門出身の高貴な美貌をたたえた高峰が防空壕から出てくる写真こそ、軍と編集部が兵士の眼前にかざしたかったものではなかっただろうか。銃後も一丸となって、死を覚悟しながら戦っているのだと。

## 慰問雑誌のなかから叫ぶメディア規制

陸海軍の慰問雑誌は戦地にいる兵士に送られることから、表現に緩い規制がかけられるだけに止まった。厳しい取り締まりよりは、娯楽の乏しい環境にいる彼らを楽しませることを優先したからである。その一方で、国内の言論、出版活動は封印されていった。

昭和一六年一月一一日、国家総動員法に基づき、「新聞紙掲載制限令」が公布され、報道に関する制限は大幅に増大した。軍事、外交上の秘匿すべき事項、経済、財政等において国策遂行上、妨げになる事項は掲載にストップがかけられた。これに背くと、発禁、用紙割り当て量の削減など、弾圧を受けた。主に言論統制に鉈《なた》をふるったのは、情報局だが、その動きは迅速で、容赦のないものだった。

二月、情報局より危険と見なされた執筆者に対して、執筆禁止リストが出版社に内示された。五月、総合雑誌出版社に対して事前に、編集プランと執筆予定者の伝達を命じた。

しかし、これは表向きのもので、出版弾圧の実態はどのように過酷なものだったのだろうか。

『戰線文庫』（第二九号　昭和一六年三月一日）には情報局情報官、大政翼賛会が参加した座談会が掲載されている。とくに注目されるのは出版社に対して強権を振りかざしたと、戦後、批判されてきた、悪名高き情報官・鈴木庫三《すずきくらぞう》の発言である。『戰線文庫』が言論・出版規制に対して、座談会を設けるのは最初にして最後のケースである。それだけに、恤兵部と情報部との濃いつながりを窺わせる。文化新体制下、メディアへの取り組み方を戦地と銃後に知らせる意図を持つ、この座談会をここに紹介したい。

出席者は情報局第二部第二課長海軍大佐・大熊一穣、情報部情報官海軍中佐・高瀬五郎、情報部情報官陸軍少佐・鈴木庫三、情報局情報官・田代金宣、翼賛会文化部長・岸田《きしだ》

國士《くにお》のほか、興亜日本社側は『戰線文庫』編集長・大島敬司、以上六名。「高度国防国策に対応して文化の全般的革新の時期」に、「戦地へお知らせする　銃後の文化新体制問答」と題したスペシャル企画である。

まず、大熊大佐から所属する部署の職務内容が説明される。

大熊大佐　新生の情報局第二部第二課というのは、大体に雑誌出版物に事前指導をするところですね。今まで、内務省に検閲課というものがありましたが、これは出した出版物を後から検閲するところです。（略）一歩進んで、事前に指導する。其れと同時に雑誌と出版物の用紙統制の方の事務もやっています。

さらに、「お役所の頭だけでは官僚独善に陥るところがあってはならない」として有識者を集めた出版文化協会ができ、それが政府の別動隊となって出版雑誌を指導したいと述べる。

この発言を受けて、翼賛会文化部長に就任したばかりの作家の岸田國士は、戦時の文化のあり方を模索しながら、口火を切る。

岸田國士　多岐に亘った文化の全機構が政府の指導方針に沿って当面の高度国防国家建設の大きな目標に向かって動員されなければならない。（略）積極的に協力する道があって、それは決して文化部門に働いている者の自発的な意志を妨げるものじゃないんだ、ということが非常に近頃ははっきりしてきた。（略）自分の専門の立場というものを十分に向上させながら、それがやはり、国家全体の目的の中に解け込むという精神が各専門家のなかにできれば、非常に将来希望が持てる。
（略）指導者というのは、広い意味で雑誌や出版の編集をやっている人は指導者であるという意気込みでやらなければ、唯、国策に順応するというような消極的なことでは、もう僕はいかんと思う。

大熊大佐　（雑誌や出版の編集をやっている人は）個人主義というか、自由主義というか、営利主義というか、（略）そういう思想からすると、紙は商品であり、それに関する会社は全部商事会社なんだ。そういう考えを変えて、紙は思想戦の武器であり、雑誌社、出版社もその兵器製造所であるという気持ちで行かなければいかんのに、従来のままの考え方だったら、段々別の方向へ行ってしまう。

大熊大佐の「紙は思想戦の武器」「雑誌社、出版社もその兵器製造所」は、当時のメディアを見る軍部の視点だとすると、メディア側の表現・言論の自由は封じられ、想像を絶する弾圧が進んでいたのである。

この後、突如、情報官・鈴木庫三少佐が登場する。

鈴木少佐　国防国家は現代の如く進化した戦争に応じ、世界情勢に応ずる為にはむしろ本質的な形態です。わが国がいままで本質的な形態を取れなかったのが間違っていたんだ、国防国家は、人と物と文化で建設される。文化は言わば牛乳です。そのミルクの母体《と》といえば、牛です。つまり国家です。文化が貴いなら之《これ》を生み出す国家は一番尊い筈です。国家を充実させなくてはなんにもならん。文化だけ栄えて、国家の滅びたところがある。そうなっては困る。そこで人を組織し、その人が物と文化を活用して、最大限の力を発揮させて、国家の存在隆盛を図《はか》る。それと同時に新しい文化を創造してゆく。（略）先《ま》ず雑誌１編集者並びに作家の性格を変えなければならぬ。読者の性格も変えなければならぬ。あるいは直接一般に呼びかけて、一般が変わってくるに従って、雑誌出版物も段々性格が変わってくると思う。

そこで、鈴木は「雑誌を分類すると大体三種になる」と切り出し、「私の専売特許」の話を始める。

鈴木少佐　第一はおでん屋です。こんにゃくはこんにゃくの形をして、豆腐は豆腐の形をして融《と》（引用者注：原文ママ）けてないんだ。個人主義から来た記事もあり、極端な右翼から来た記事もあり、赤い方から来た記事もあって。一貫した思想が基になって編集されているんじゃない。例を挙げると●●（引用者注：伏字。以下同）雑誌がそうだ。この連中は生意気なことを言っても、一番悪いんだ。次は団子汁だ。まだ、本当に溶け切らないで、ごろごろしているが、戦地の兵隊さんへ一寸感謝とか何とか言って、誤魔かしている程度のもので、雑誌を挙げたらいくらもある。併し本当にいい雑誌は新しい国家思想、新しい道徳思想、新しい経済思想に基づいて、スープになるか、飯になっていなければならぬ。私は●●社の「●●」を指導しているが段々飯になって来ているし、「●●●●」などはスープになっていると思う。

伏せ字が多く、鈴木の歯に衣着せぬ、出版界への攻撃が、いまの時点から見たら、現実とは思えない、喜劇にも映ると言ったら言いすぎだろうか。鈴木の妥協を許さない進め方が出版界と衝突し、対立も激しい頃だったのだろう。

鈴木はこうも言う。

鈴木少佐　元は自由主義で出版界が言うことを聞かないために、こちらで国策に協力してくれと言った、逆に雑誌社も百万の読者を利用してくれというようなことを言っていたが、協力とか利用の時代は旧体制で、今は自ら国家機関として任じ思想国防の第一線に起つという意識を以って仕事に当たらなければならない。

そうなれば問題はないが、そうなるまでの間、何万の雑誌全部を指導することは出来ないから、或る代表的なものを捉えて、それにほかのやつを追随させて行くようにする。

（略）官庁でこしらえている雑誌をみると、いかに多く部数が出ているといっても、市場へ出して果たして飛びつくように売れて行くかどうか分からない。

なんと言っても、雑誌を読まれるように買いたがるように編集できる人がやらなければいけませんよ。

鈴木の言葉を受けて、軍部との仲介に立った岸田が締めの発言をする。

岸田國士　どうしても、知識人には一種の見栄があって、坐るのがてれくさいんで、民衆に対してあぐらをかいてみせるというようなところがある。しかし、おいおいは坐る機運に向かっていますから、まア、もう暫く見ていてください。

こうして、新体制下の座談会は幕となる。出版界の言論の自由が奪われ、軍部に力を加えられていく過程の一端が読み取れるだろう。

もうひとつ問題なのは、この対談が『戰線文庫』『戰線文庫　銃後読物』にも掲載されたので、対談の読者が兵士と銃後であるという点である。

創刊号では、売れっ子の文学者、人気の女優を揃え、華々しくスタートした恤兵部発の雑誌が、いよいよ軍部の意向をくんだ記事を載せるように様変わりしたこと、まさに兵士の娯楽、慰安を主眼にした慰問雑誌すら「武器」であり、「兵器工場」として利用され始めているということだ。

鈴木庫三が監視の目を光らせていた出版社のひとつに講談社がある。

講談社社長の野間清治は昭和一二年五月には、内閣情報部の参与に就任し、翌年には、自社の出版物を検閲される前に、社内で自主的にチェックするため検閲部を設けている。社史にあたる『講談社の90年』には、鈴木の強硬な姿勢に講談社が抵抗する姿が書かれている。

先の座談会と時期的には、同じ頃の出来事で、ある意味では鈴木少佐の絶調のときであろうか。彼は緊張する編集者たちを前にして、こんな無理難題を吹っかけてきた。

「講談社を長く続かし、ますます発展させ、国家のため寄与するには、この際、社外から適当な顧問を招き、編集の顧問制を設け、その協力指導によって雑誌を作った方がいい」

講談社側はすぐに反論した。

「顧問制を設けなくても、講談社はいままでの伝統と技術で、りっぱに編集が続けていける」

鈴木少佐は憤然と色をなして立ち上がり、傍らに立てかけてあった軍刀をとるとドスンと床を叩いた。

「なにッ、立派にやれる？　やれるものならやってみろ。後で（引用者注：原文ママ）後悔しても知らぬぞ。講談社の運命にかかわる重大なときだということがわからぬか。用紙の配給が止まるぞ。この雑誌の統合時代に、講談社が安閑《あんかん》としておったのでは、会社の命取りになるということを知らないか」

講談社は忸怩《じくじ》たる思いで鈴木少佐の言葉を受け取った。

終戦間際の講談社は用紙の不足で、減頁を余儀なくされ、一年限りではあったが、海軍志願兵のための『海軍』、朝鮮に向けて日本教化を目的とした『錬成の友』等の雑誌を軍命令で制作した。国民の恤兵金で作っていた『陣中倶樂部』はほかの雑誌のように極端に減頁にならないものの、表紙の女性のイラストは、初期のようなはつらつとした風貌《ふうぼう》から、生気のない怯《おび》えた表情にかわり、カラーの表紙も沈んだ色調で、敗戦に向かう国内の憂いが読み取れる。

陸軍恤兵部から『陣中倶樂部』の依頼を受けた当初、編集部の木村喜一は「ただ向こうの要望に沿う雑誌を作るだけで、いくらいいものを作ってもそれで部数がふえて行くわけではなく、その点、張り合いのないことでしたが、ただ戦線の兵士の慰問になるということだけに遣《や》り甲斐《がい》を感じました」（『講談社の歩んだ五十年　昭和編』）と述べていたが、娯楽雑誌を多く手掛けた講談社の慰問雑誌は、兵士たちに一時の休息を与え、心の飢えを満たしたことは確かであろう。彼らは毎月届く、内地の女性のグラビア、情報をどんなにか、楽しみにしていたことだろう。

講談社に所蔵の『陣中倶樂部』の最終号第一〇六号（昭和一九年一一月発行）には、廃刊、休刊の文字はない。『戦線文庫』同様、作っても輸送が困難で、何号か倉庫に積まれたままだったことも考えられる。

## 女性作家結集の慰問文集

『戦線文庫』の菊池寛、『陣中倶樂部』の野間清治と並んで、いやそれ以上に、陸海軍恤兵部とつながりが深かった出版人に長谷川時雨がいる。『旧聞日本橋』『渡りきらぬ橋』などの名作を残した作家であると同時に、日本初の女流歌舞伎脚本家、出版プロデューサー、社会運動家など、マルチな才能を発揮した女性である。だが、いまの時代、長谷川時雨の名を知る人はごく少ない。時雨は女性言論・文筆の場として昭和三年創刊の雑誌『女人藝術』を作り、日中戦争時には全員女性文化人による慰問団「輝ク部隊」を結成するなど、目を見張る活躍をしながら、戦後、名前が埋もれてしまう。その最大の理由は、彼女が恤兵部と連携して、兵士慰問、慰問袋作製等いわゆる恤兵活動に熱く力を注いだことが、戦後、批判の対象になり、恤兵という言葉が歴史から消えたように、その功績もまた、埋もれてしまったのではないかと、筆者は思っている。

時雨はぬかるみにはまってしまったかのような戦争を、ぬかるみでもがいている多くの兵士を救いたいがために、「輝ク部隊」を率いて、中支、南支に赴いた。結果、六二歳の年齢で急死してしまう。一か月にわたる文藝慰問旅行から帰ってきて、半年足らずで迎えた死であった。

時雨が恤兵部と本格的にタッグを組んでいたのは、昭和一五年初頭に、陸海軍兵士向けの慰問文集を制作してからである。陸軍兵士に配布した『輝ク部隊』、海軍兵士向けの『海の銃後』は、時雨が才能を見出し、育てた林芙美子、円地文子《えんちふみこ》、佐多稲子《さたいねこ》等女流作家が寄稿したものである。企画も編集制作も時雨側が行い、発行は恤兵部、制作資金は国民からの恤兵金である。

早速、『朝日新聞』が慰問文集の誕生を次のような記事にしている。

輝ク部隊を総動員して　文筆慰問の豪華版　時雨女史はじめ力作くらべ

長谷川時雨女史主宰の「輝く会」は今春その別働隊「輝ク部隊」を結成して以来、東亜建設の理想に向かって愈々《いよいよ》実践の歩みを起こすべく慰問袋の調整や、前線勇士の遺児訪問、又は大陸開拓者への激励等に銃後インテリ女性の赤誠を披瀝《ひれき》しつつありましたが、折から厳冬に向かう荒涼たる大陸で、守備討伐の任につく兵隊さん達に楽しい慰問を贈りたいものと考えた末、腕に覚えの文筆で慰めることに審議一決、早速、当事者も大いに感激して、陸軍は恤兵部発行月刊雑誌『陣中倶樂部』に、海軍は同じく『戰線文庫』に夫々《おのおの》正月号

写真㉜　輝ク部隊・慰問文集『海の銃後』表紙とグラビア。グラビアには輝ク部隊員の活動が紹介されている

付録として収録する事になり、ここに女流作家群の慰問文集と云う空前の豪華慰問品が、新春のお年玉として戦線に送られることになりました。(『朝日新聞』昭和一四年一一月二三日)

『朝日新聞』の記事には時雨を筆頭に、林芙美子、宮本百合子《みやもとゆりこ》、横山美智子《よこやまみちこ》、ささきふさ等一二名の若い女性作家の写真が載っている。記事の最後には、時雨のコメントが紹介されている。

これからお寒い時分になると、戦地ではもう見るものも聞くものもなくなるでしょうから、女流作家の慰問文ならいくらか興味もあろうかと考えたわけです。成るべく挿絵も多めにしてカットには筆者の写真を入れることになっています。新年のお年玉に間に合えばいいと思っています。

「新年のお年玉に間に合えば」とは、暮れも、お正月もなく、戦場に立つ兵士を思いやっての時雨の気持ちである。

陸軍の慰問文集『輝ク部隊』は、Ａ５判（菊判）、総二五六頁一色刷り、執筆者五九名、非売品、一一万部発行。海軍の慰問文集『海の銃後』は四六判二三〇頁、執筆者四一名。発行部数は不明である。両誌に重複して掲載されている作品も多いが、作品は移動する運命にある兵士のために、どれも一話完結する読み切りである。

『海の銃後』の表紙裏には、海軍省恤兵係海軍主計少佐の文章が掲載されている。

事変勃発以来　種々恤兵の美挙を企てられたる銃後閨秀《けいしゅう》芸術家の総合団体たる「輝ク部隊」が皇紀二千六百年記念として　今回特に慰問の目的にて　全員の赤誠の結晶たる慰問文集を編纂せられ　海軍省海軍軍事普及部並びに海軍省恤兵係指導監修の下に本誌の刊行を見るに至り茲に之をあまねく戦線の海軍将兵各位に配布することと相成りました。

この文章から恤兵部が従来、長谷川時雨率いる「輝ク部隊」を恤兵に貢献する銃後の団体と捉え、重要視していたことがうかがえる。また、裏を返せば、作家として、社会事業家として名をはせていた彼女のオピニオンリーダーとしての存在感、銃後へ与える影響力、それは恤兵部にとって、十分利用価値のあるものとの判断も働いたのだろう。

さらに、軍にとって好都合だったのは、「銃後閨秀芸術家」が参集した慰問文集は時雨サイドから持ち込んだ企画であったこと。原稿、装丁は部隊の女性がすべて行い、献納という形で軍に納められた。恤兵部としてはこれ以上の話はない。出来上がった慰問文集は、活字に飢えた兵士の読み物として、軍が国民からの恤兵金で作った冊子として、銃後の女性たちの体温が誌面の端々にまで感じられるものだった。グラビアには「輝ク部隊」の部隊員、部隊員の娘の女学生まで登場し、戦う兵士に声援を送っているのである。

二冊の慰問文集は好評をもって迎えられ、翌年の昭和一六年元旦、海軍から第二弾にあたる『海の勇士慰問文集』が出たが、判型は四六判二五〇頁、執筆者は三三名と減少している。陸軍のほうも第二弾の企画を進めていたが、明確な理由が不明なまま、発行は実現しなかった。同年、一月八日には、陸軍大臣・東條英機によって、兵士に死を強制した「戦陣訓」が全軍に下達された。実のところ、軍部はいままでいえば、意識高い系の女性文学者による慰問文集を発刊する余裕など、どこにもなかったのではないだろうか。

## 映像で恤兵を追い、戦意高揚

## 『従軍：関東軍記念写真帖』

陸軍恤兵部では、戦争の記録を留めるため、満州事変以来二冊の記念写真帖を出版している。これも、恤兵部の発信したメディアであるという視点から、まずは、防衛研究所、国会図書館等に所蔵されている『従軍』と刻印された『昭和六、七年満洲事変　関東軍記念写真帖』を紐解いてみよう。

これは昭和八年六月二〇日、発行元は陸軍恤兵部、緑の天鵞絨《ビロード》の表紙のアルバム形式の一冊である。

最初の頁には、巻頭の辞が掲載され、ここには、「昭和六年九月十八日に起こった柳条湖事件が、全国民の熱誠なる後援に負うもの亦大《まただい》で、吾等大和民族は正義に立脚し、東洋久遠の平和の為め」戦った旨が記されている。この文言から「聖戦の正当性」

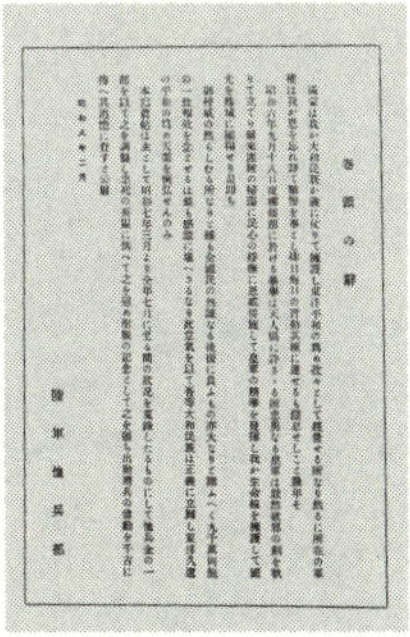
巻頭の辞

陸軍恤兵部

写真㉝　天鵞絨の布に『従軍』と金の文字が施してある豪華仕様の写真集

の強調がくっきり浮かび上がってくる。最後に「昭和九年三月　陸軍恤兵部」の署名がある。

特徴的なのは、この写真集には、慰問雑誌『恤兵』で使用した絵や写真が数点転載されていることである。満州に派遣された、馬上の兵士の表紙絵も掲載されている。そのなかで注目されるのは、出征する兵士を港で盛大に見送る人々の画である。手には、それぞれ、日の丸の小旗が握られている。そのころ、大阪港では、満州事変の増強部隊が送り込まれている。見送る人々は、晴れがましい顔をしているが、気持ちは不安でいっぱいであろう。人々の群の前では、襷《たすき》をかけた学生服の男がメガホンを持ちながら、満州派遣慰問金募集を呼び掛けている。

その声に応えて、財布から慰問金（恤兵金）を出そうとしている母親、傍らには子供たちがいる。多分一家の柱である夫が満州に旅立つため、見送りに来ているのだろう。彼女は黒い紋付の羽織を着て、ハレの日のいで立ちである。恤兵金募集が街角ばかりでなく、見送る場でも盛大に行われていたことを裏付ける一枚の画である。

写真帖の制作費は総て国民による恤兵金である。

## 『支那事変記念写真帖』

海軍では『従軍：関東軍記念写真帖』に次いで、昭和一二年七月から昭和一四年の海軍出動隊の奮戦ぶりを写真でたどった『支那事変記念写真帖』を発行した。

この写真帖の制作を海軍から発注された興亜日本社によると、「今事変で護国の鬼と化した海の勇士の遺族に贈呈して慰める」こと、また、「海軍部内で頒《わか》つ」ことを目的としていた。企画は海軍省で前線出動部隊より写真資料を集めて編集された。

資料数は圧倒的多数に上り、大山大尉惨死事件をきっかけとして拡大した上海市街戦より始まって、長江溯江《ちょうこうそこう》戦、海南島《かいなんとう》から海上封鎖、奥地爆撃行の特写を全部収録した膨大な写真集であった。興亜日本社は二年かけて、この「総クロス変装、箱入り、本文特品用紙を使用した写真集」を完成させた。慰問雑誌制作から端を発し、海軍関係は興亜日本社、陸軍関係は講談社、両者の棲《す》み分けも明確になっていたのだろう。

## 海軍恤兵記録映画

昭和一六年戦線への贈り物として、海軍恤兵係監修、興亜日本社映画部が制作を進めたドキュメンタリー映画が存在した。あらゆる銃後の赤誠の姿を記録映画に収めて、前線の海軍将兵へ報告することを目的に、内容はデパートで催された「恤兵強化の催し」「特殊慰安袋献納状況」「海軍省への献金、献品者の群」「戦線への慰問団」「海軍病院への慰問」などをカメラが追っている。現在、存在そのものが不明のため、鑑賞できないが、当時の恤兵の姿が実写された貴重なものなのだろう。

「この映画によって、銃後恤兵の実況を前線に送り、銃後の心意気を見せるのも、また、士気を鼓舞する一助となるであろう」。恤兵係は胸を張ってこう結んでいるが、士気の鼓舞のためにあらゆるメディアが活用されていたことを実証するものである。

# 第六章　太平洋戦争と恤兵

（昭和一六年〜二〇年）

早期に解決するはずだった日中戦争が泥沼化し、長期戦へともつれ込むなかで、日本は先が読めないまま、米英との戦争のカードを引く。本章では太平洋戦争時の恤兵部と日本必勝を願い、献金、献品に群がる人々、そして、敗走を続ける兵士に慰安をと、戦地に出向く慰問団、これらを中心に「恤兵」の在り方を見ていく。慰問雑誌『陣中倶樂部』『戦線文庫』には、誌面が縮小されるものの、廃刊まで恤兵部の動向を概観できる記事がある。両誌を参考に、最後の最後まで、恤兵部がどう戦争と向き合い、国民を動員していったのか。その点を検証していく。

昭和一六年一二月八日、日本はハワイの真珠湾を奇襲して、米、英、オランダとの戦争に突入した。午前一一時四五分、宣戦の詔勅が発布された。詔勅の内容は「天佑ヲ保有シ万世一系ノ皇祚《こうそ》ヲ践《ふ》メル大日本帝国天皇ハ　昭《あきらか》ニ忠誠勇武ナル汝有衆ニ示ス　朕茲《ちんここ》ニ米国及英国ニ対シテ戦ヲ宣ス」と「陸海将兵」「百僚有司」「朕ガ衆庶」に呼びかけ、本分を尽くすように明記したことであった。衆庶を加えたことは総力戦を意識したものとされる。

人々の多くは早朝のラジオの臨時ニュースで開戦を知った。各新聞社前には速報が張り出され、瞬く間に、緊張と興奮を隠せない面持ちの人々の群ができた。次にその大群の波が轟轟《ごうごう》と音を立てて、流れていったのは、恤兵部の窓口だった。かくて、陸海軍省には国民の赤誠の証である高くそびえ立つ恤兵金の山ができたのである。

集まった恤兵金は太平洋戦争が勃発した一か月の間に一千余万円という空前の金額であった。これは最高額に達した昭和一三年一一月武漢陥落の際の二七〇万円を優に超えていた。恤兵部は巨額を前にして、「銃後国民が戦線に対して如何に感謝感激しているかどうかをうかがい知ることができる」とし、その陰にある美談の数々を戦地に伝えたいとしている。これらの献金のなかには、「敵性国家の圧政に苦しむ大東亜共栄圏内の比島人やマレー人を始め、印度人」や「日本在留の独逸《ドイツ》人」らが献金した特異なものも含まれていた。

だが、恤兵部の献金狂騒曲はここで鳴りやまなかった。翌年の昭和一七年一二月八日、日米開戦の一年後には、一段と大音響が響いたのである。

日本軍は六月にミッドウェー海戦で大敗、空母四隻、全艦載機を失い、一一月にはガダルカナル上陸支援交戦中の艦隊がソロモン海で米艦隊と衝突。一一隻中六隻が爆撃を受け、沈没（第三次ソロモン海戦）、一二月八日は、ニューギニアのバサブアで日本軍守備隊八〇〇人が全滅している。国民はミッドウェー海戦の頃から、真相が隠された大本営発表により、戦争の事実を全く知らされていなかった。日本軍の劣勢を尻目に、国内では太平洋戦争を記念して、全国道府県単位で国民大会が開かれ、中央国民大会は靖国神社で気勢を上げる。かたや、恤兵部では異常な献金風景が繰り広げられていた。

『戰線文庫』に依頼されて、お祭り騒ぎのような恤兵部の様子を文と漫画で綴ったのは、漫画家の中村篤九《なかむらとっく》である。中村は大政翼賛会宣伝部と新日本漫画家協会が組んで、人気を呼んでいた漫画『翼賛一家』の描き手のひとりでもあった。『戰線文庫』でも毎号、常連の漫画家が兵士読者に他愛のない笑いを届けていた。

**漫画家・中村篤九の恤兵部漫画ルポ**

あの日がまたやって来た。

十二月八日。

だが、あの日から一年目の十二月八日である。（略）

血みどろの戦いがその一月その一日その一時間その一分、刻々ときざむ秒針が一から二へ動いて行くその間にも続けられてきた一年なのである。

この一年に季節はなかった。あるものは戦争だけであった。四季の移り変わり、それも亦《また》、なかった。そこには戦局の推移があるだけであった。我々の生活全てが戦争であった。

（略）

私は海軍省を訪れた。

朝である。太陽が晴れやかに、あの赤煉瓦《れんが》の上にあった。

行列が、人の行列が、流れているように門から入り、門から出た。

止まっている行列があった。

行列は門からはみ出して日比谷公園へ連なって居た。

行列の突端に二台の机があった。

そこに国民服の人が三、四人坐っていた。

献金の受付である。

未だかつて私は、こんなに美しい行列を見たことはない。

（略）

人々はのどかに冬の日を浴びていつまでも立っていた。それはまるで、そうして行列を作っていることに限りない喜びを感じ、その喜びに浸っているようであった。

献金に来た人々を「美しい行列」と褒め称えた中村のルポは、最後まで興奮したトーンで語られる。おばあさん、おかみさん、子供、赤ん坊、そして、「万歳」の声と共に、明治大学の学生が四、五〇〇人余り、校旗を先頭に両手を高く差し上げてやってきた。

開戦の日よりも多いです。もっとも開戦の日は朝の発表で、午後からが多かった。今朝は四時から見えているそうです。夜でも受け付けます。（略）バラ銭が多いんです。いくらあるかわかりませんと言って、大きな袋にいっぱい持って来られる。この一年の間に一銭二銭十銭二十銭と貯められたものもあるのだと思います。感謝しています。

海軍省・鈴木主計少佐のこの言葉を「我々こそ感謝しているのです」と応じながら、中村はこの日の海軍省に届けられた献金額に耳を傾けた。

国防献金百五十三万百五十三円六十九銭　恤兵金十万六千六百六十四円七十二銭、恤兵品一万三千八百二個　来客された人、一万人を突破した。十二月八日　この日が無限に続けばいいのだ。全ての人が、いつまでも十二月八日、あの日に生きている気持ちになればいいのだ。

中村は溢れるほどの感激で文を結んだ。

慰問雑誌『陣中倶樂部』『戰線文庫』は気楽に読める娯楽記事を柱にしていたため、漫画ルポなども多く掲載した。昭和一八年三月一〇日の陸軍記念日には、今度は『陣中倶樂部』に漫画家の佐次《さじ》たかしを起用して、銃後の献金部隊が恤兵部に押しかける風景を描かせている。佐次のルポのなかで印象的なのは、陸軍恤兵部の小野田《おのだ》中佐《ちゅうさ》の次の言葉である。

いや、全く涙が出ます、この美しい情景をご覧ください。そしてこの熱烈な銃後風景を是非共前線へ知らせてあげたい、将兵はいかに感激する事でしょう。この献金部隊は前線と銃後を結ぶ血の流れです。この流れがやがては米兵を撃滅の淵へ押し流すことでしょう。

小野田中佐のこの言葉を受けて、佐次のペンは「献金場の美しい情景」を描写していく。杖《つえ》に支えられてやっと恤兵部にたどり着いた老婆、日露戦争で手柄をたてた老将軍、精工舎の女性社員たちによる乙女献金部隊、「わっしょい、わっしょい」の掛け声と共に乗り込んできた、ゲートルともんぺの一団……。

この日一日の合計は、恤兵金二万四九四三円五一銭、国防献金一三万七二九四円七一銭、学芸技術奨励金二九〇〇円、総計一六万五一三八円二二銭と開戦一周年には及ばないものの、銃後の献金熱は陸軍記念日でも、ヒートアップしていたのである。

国防献金は或いは飛行機となり、戦車となり、爆弾となって敵の懐深く飛び込み、恤兵金は出征兵士遺家族の慰問となり、或いは皆様への贈り物となります。皆様の許《もと》に様々な慰問団が訪れる事でしょう。皆様のその時の喜びは、いかばかりかと想像がつきます。しかし、慰問団に贈る拍手を更に内地へもとどけと送ってください。この慰問団の陰にはこれらの温かい献金者がいるんです。

佐次の言葉は、戦争を物心両面で支え、かつ、兵士を鼓舞し、激励してきたのは、真面目で、勤勉な日本国民の熱き恤兵だったという、ひとつの事実を突きつけてくる。軍部が仕掛け、ムードに流されやすい国民性を持つ銃後がこぞって乗った。いや、乗せられたのか。そこのところの判断は容易ではない。先の中村が感激の内に漫画ルポを終えたのと異なり、佐次は勇ましく兵士へのエールで締めくくる。

前線の兵隊さんが血を流して戦っている時、銃後のわれわれが汗を流して働くくらい、何ほどのことであらんやです。銃後も頑張って頑張り抜きますから、前線の皆様もにっくき米英の鬼どもの素《そ》っ首《くび》、引っこ抜いてください。

陸海軍の慰問雑誌がその知名度と腕を見込んでふたりの漫画家に依頼したのは、恤兵の益々の推進と、徹底した恤兵の美化だったことは言うまでもないだろう。漫画家はこの後も宣伝戦に徴用され、昭和一七年三月、『フクちゃん』で知られる横山《よこやま》隆一《りゅういち》はジャワ島に渡り、約半年間、部隊慰問、陸軍の宣伝班員として活動した。

## 太平洋戦争間際の恤兵部の組織

真珠湾攻撃から一年目の海軍恤兵係を中村が、その翌年の陸軍記念日の陸軍恤兵部を佐次が描いたが、では肝心の恤兵部は、この時期、組織としてどうであったのか。

これまで、組織内部に分け入った研究がないため、謎の多い恤兵部だが、おそらく、恤兵部の組織形態について戦争期間中、個人名で最後に言及しているのは、現時点で陸軍恤兵部員・浅沼吉太郎《あさぬまきちたろう》による「陸軍恤兵部の業務について」(『陣中倶樂部』第六五号 昭和一六年四月一日)であると思われる。

それだけに、この記事は浅沼の気持ちも書き加えられたもので、希少かつ貴重な資料だ。ここで紹介して組織を推測したい。

陸軍恤兵部員・浅沼吉太郎は、昭和一二年秋から約三年間、中支方面に従軍経験があり、その間、恤兵部から派遣された慰問団の事務に携わった経歴を持つ。しかし、そこでは恤兵業務の端を触るだけで、「恤兵部とは慰問団を時々事変地に派遣する所だなくらい」の認識だったらしい。陸軍内部でも、恤兵部の活動実態は明らかにされておらず、浅沼たち実戦部隊にとっては、兵站《へいたん》の片隅に位置する小さな部署との認識だったのだろうか。

ところが、昭和一五年八月、主務の傍ら恤兵部に勤務するよう命令が下る。そのとき初めて、恤兵部というものを理解したという。浅沼は自分と同様に「事変地にいらっしゃる皆様も（略）恤兵部がどんな事をしているところか詳しくは理解せられて居らない方も多々あるのではないかと思い」、今回、『陣中倶樂部』誌上で明らかにすることを決断したと、執筆の動機を述べる。

もうひとつ、「特に恤兵部の掌務が出征将兵に対する国民の感謝と同情に依ることの大なるもの」があり、そこを兵士たちに知らしめるため、書くに至ったという。恤兵部はこれまでも「国民の赤誠による」恤兵金や慰問袋を散々アピールしてきたが、しかし、その重要なポイントすらも、兵士たちには届いていなかったのだろうか。国民の側からすれば、渾身《こんしん》の思いで捻出した赤誠の証だったが、これはなんとも愕然《がくぜん》とする浅沼の言葉ではないか。

では、浅沼の語る恤兵部の組織とはいかなるものなのだろうか。日清戦争時に開設され、その後昭和一六年の時点でどう変容していたのだろうか。ポイントをまとめてみる。

①陸軍恤兵部は陸軍省内にあって、陸軍恤兵監が主宰

②恤兵監は陸軍省恩賞課長が兼務。本務多忙の傍ら第一線将兵等慰恤のため熱心に業務を統理している

③専任の部員は佐官一名、主計尉官一名、その下に雇用人二、三人がいる。外に陸軍省や参謀本部の関係部課将校が兼任部員として、業務の重大方針の決定に参与している。

④朝鮮、台湾等の各軍、師団にも規模は小さいが恤兵部業務を行っている機関がある。

⑤中央と地方の各機関が相互に連絡をとりあい、全国的に恤兵業務を運営している。

**恤兵金、恤兵品**

組織の輪郭の次に浅沼が述べるのは「恤兵業務の原動力の恤兵金品」についてである。

①**恤兵経費** 恤兵業務に関する経費は一切、国民の恤兵金としての献金のみで賄っている。国防献金、政府の令達予算には依っていない。ただし、物品の輸送、慰問団の派遣、（恤兵監、部員、その他使用人の）給与等、恤兵業務の付帯経費は官費に依っている。

②**恤兵金受理** 恤兵部、地方各軍師団司令部で受理。聯隊区司令部、警察署、市町村役

場でも仲介している。

このほか、終戦間際になると、恤兵部は学校にまで進出し、恤兵金受付窓口を設置している教育機関もあったという。

**恤兵献金によって支弁している費目**

遺族の弔慰《ちょうい》金、出動及び応召遺家族の無料診療費、罹災見舞金、初盆《はつぼん》または一年祭供花料

**傷痍軍人扶助の方面**

退院のとき傷痍軍人に贈る見舞金、傷痍将兵慰安の施設費、御下賜繃帯入箱、戦傷奉公杖、恤兵絵画その他通信材料費

**出動軍人の慰恤方面**

従軍手帳、書籍雑誌、娯楽器具、一般慰問品、酒保《しゅほ》慰安施設費、演芸慰問団派遣費、帰還将兵接待費、帰還将兵祝賀会費、軍用動物慰恤費

**慰問袋**

慰問袋の作成発送は、恤兵部から内地、朝鮮、台湾等の各軍師団に作製数を割り当て、

図⑭　事変以来の恤兵金献納の状況

| 年度 | 恤兵部受付 | 軍師団受付 | 総額 |
|---|---|---|---|
| 昭和12年度 | 883万1488円 | 370万8791円 | 1254万279円 |
| 昭和13年度 | 627万8273円 | 421万7127円 | 1049万5400円 |
| 昭和14年度 | 286万1498円 | 438万4837円 | 724万6335円 |
| 昭和15年度 | 316万2860円 | 328万720円 | 644万3580円 |
| 総　額 | | | 3672万5594円 |

『陣中倶樂部』第65号　陸軍恤兵部員　浅沼吉太郎の発表による。ただし、昭和15年度分は恤兵部は15年12月末まで。軍師団は15年11月末まで。年度は会計年度による

各軍師団の恤兵係において、各府県等を指導して作製発送することが基本ルールであった。

細目も決められていて、

○基本は将兵各人に一年に三個の割合で配布。

○第一線の将兵に郷土の慰問袋を送付したいのは山々だが、輸送の関係から不可能。

○師団、混成旅団で同一徴募師管から兵員を充足している部隊だけ、その部隊指定の慰問袋が行くようになっている（部隊指定の慰問袋）。

○個人から個人へ、市町村からその出身者への慰問袋は、恤兵部では仲介できないので、郵便を利用してもらっている。

○一般向け慰問袋は全国各地から郷土その他の関係なく送付することになる。

「恤兵品は戦用品に次ぎ、何かと便宜を与えられているので、

困難を排しても恤兵品を先取する恤兵部の心情を理解してほしい」と、日夜業務に汗水流している恤兵部員の心の内を浅沼は代表して吐露しているのである。たしかに、『陣中倶樂部』の「恤兵便り」には炎暑のなか、活動している兵士に「サイダーをこれでもかと届けた」という、恤兵部員の兵士への気持ちのにじみ出た文言が見つけられるのである。その裏には、輸送物資に対する兵士側の要望も恤兵部の耳に届いていたのだろう。直接、戦闘に出ないまでも、任務遂行のために、兵士の健康と精神面をサポートするために、恤兵部も努力を強いられていたと思われる。

これを見ると、食料品の缶詰などを除いて、娯楽用品が圧倒的に多い。上記のほか、野球具、碁用品、輪投げ台、ダイヤモンドゲーム、一六ミリ映写機、洋画材料、手提げ型蓄音機、スケート用具等があり、余暇には戦場でのスポーツやゲーム、趣味にも興じるようにと、恤兵部が心を配っていた様子が確認できる。また、書籍や雑誌、なかでも雑誌の需要が盛んだったことも数字が示している。

恤兵部は戦場の娯楽教養振興に力を尽くしたことになるが、実際、これらの品々は報告のままに、兵士の手元に滞りなく届いていたのだろうか。手掛かりとなる戦地側からの資料がないため、これ以上の追求はできないが、大いに疑問が残る点である。

図⑮　事変勃発以来恤兵部直接寄贈品（昭和15年12月31日現在）

| | | | |
|---|---|---|---|
| 慰問袋　462万5792個 | 清酒　333樽 | 蓄音機　249台 | ラジオセット　47台 |
| フィルム　603巻 | 銀紙　1万5809貫弱 | 煙草　6万2378個 | 缶詰　11万4915個 |
| レコード　6万7179枚 | 映写機　58台 | 羽根布団　1万6101枚 | その他雑品　3508万8648点 |

図⑯　事変勃発以来恤兵品購入リストの数（昭和15年12月31日現在）

| | | | |
|---|---|---|---|
| 35㎜映写機　35組 | 16㎜撮影機　43台 | 16㎜トーキーフィルム　727巻 | 手提型蓄音機　7960台 |
| 直流型ラジオ受信機　370台 | 映写機用発電機　33台 | レコードケース　2万2037個 | 野球具　3520組 |
| 卓球具　3万6673組 | 軟式用ミット　750個 | 野球用具入袋　1700個 | 運動具箱　250個 |
| バスケットボール　75個 | 碁具　8886組 | 輪投台　555組 | 闘球台　105台 |
| ダイヤモンドゲーム　47組 | 恤兵絵葉書　2726万6995組 | 冊子あけぼの　6万冊 | 16㎜映写機　42組 |
| 35㎜トーキーフィルム　531巻 | 生フィルム　40缶 | 同用針《原文ママ》　17万3500缶 | 交流式ラジオ受信機　280台 |
| 映写電球　136個 | レコード　55万6090枚 | 庭球具　2304組 | 軟式野球ボール　3176打 |
| 軟式用グローブ　3000個 | 卓球台　426台 | フットボール　1万9852個 | スケート　7976組 |
| 将棋具　9446組 | コリントゲーム　605台 | ミップゲーム　49組 | 変圧器　25個 |
| 雑誌　136万2630冊 | 従軍手帖　402万冊 | 歌詞綴　4460冊 | 戦跡の綴　400万50冊 |
| 書籍　1万960冊 | 贈呈用絵葉書　55万組 | 恤兵扇子　423万2000本 | 手拭　3100本 |
| 額絵　1483枚 | 軍用動物表彰状　1万300枚 | 塵《ちり》紙　2500束 | 愛馬の友　4万4478個 |
| フィルム巻取リール　21個 | 地図　1200枚 | 模造紙　480万枚 | 振込用紙　2万枚 |
| 清涼飲料　1億7588万7805立 | フットボール用紐通器　9250個 | 娯楽器具修理材　23万3255点 | 庭球用具入袋　1700個 |
| 陣中倶樂部　160万5200冊 | 少年航空兵の手記　270冊 | 軍馬功彰　600個 | 恤兵美談集　21万冊 |
| 洋画材料一式　53組 | 将棋駒　52組 | 卓球用ボール　8000打 | ラジオ用乾電池　500組 |
| 拡声器　1組 | 雑誌恤兵　57万9000冊 | 軍歌集　13万冊 | 新聞つはもの　347万2500部 |
| 慰問袋　48万4490個 | 恤兵団扇　79万本 | 額縁　1462個 | 花瓶《かびん》　713個 |
| 色紙　500枚 | 草花種子　21万1000袋 | レコード総目録　2000冊 | 慰問文集　10万冊 |
| 封筒　240万枚 | 雑誌戦友　3万750冊 | 書棚　50個 | 缶詰　2億367万9560瓩 |
| フットボール用空気入　9250個 | 庭球用ボール　2800打 | 絵画　21枚 | 戦傷奉公杖　1万2320本 |
| 相撲用締込　1万1800本 | 大国旗　36旒 | 写真帖　30冊 | 碁石　52組 |
| 碁石容器　42個 | ラジオ真空管　1500組 | 単行本　25万冊 | （等々） |

『陣中倶樂部』第65号　昭和16年４月１日　恤兵部員・浅沼吉太郎の報告

## 銃後の決意も悲痛なトーンに

では、恤兵金はどのくらい集まったのだろうか。陸軍恤兵部が『陣中倶樂部』第九六号（昭和一八年一一月一日）で昭和一八年の額を発表している。

とくに太平洋戦争（大東亜戦争）が勃発以来、激増している。国民の赤誠の熱が高まっていたことがうかがえる。しかし、先に触れた『陣中倶樂部』第五三号　陸軍恤兵部員・浅沼吉太郎の発表とは、微妙に金額が違っている。

恤兵献品に関しては、「支那事変」当初より減少していると発表している。減少している理由は、国民の恤兵熱の衰退ではなく、恤兵部は「一般資材がすべて戦争遂行の下に集中されている関係で、聖戦完勝のため、まことに止むを得ぬことである。国民としては物資取得の困難な現下にあっても、恤兵熱はむしろ旺盛になりつつあると見られるのである」と、強弁している。そこで、恤兵熱の旺盛な根拠として挙げられたのが、毎日新聞社主催の全国規模の「雑誌一〇〇万冊献納運動」だ。恤兵部に献納された雑誌は当初の予定よりも三倍以上に達し、広い倉庫が飽和状態になったとある。

図⑰　満州事変勃発以来昭和18年９月までの恤兵献金暦年別表

| 年度別 | 献金額 | |
|---|---|---|
| 昭和６年９月から昭和12年７月 | 602万5429円 | 満州事変 |
| 昭和12年 | 978万2522円 | 支那事変<br>4462万6522円 |
| 昭和13年 | 1171万2869円 | |
| 昭和14年 | 586万5365円 | |
| 昭和15年 | 890万5730円 | |
| 昭和16年 | 2124万1510円 | 大東亜戦争<br>6207万1334円 |
| 昭和17年 | 3241万4483円 | |
| 昭和18年（９月まで） | 1677万5376円 | |
| 合　計 | １億1272万2285円 | |

『陣中倶樂部』第96号　昭和18年11月１日　陸軍恤兵部　献金額は原文ママ

慰問袋も「各献納者は物資取得の困難な折にもかかわらずよくこれを克服して、それぞれ創意工夫の精神弾丸を献納されている」と、概ね満点の採点をする。とはいえ、増員された兵士のために、もっと欲しい。多ければ、多いほど嬉しい。それが恤兵部の心の内だろう。そこで、慰問袋を持ち込む献納者の負担を軽減するために次のような措置を講じている。

○一七年から献納品に対する荷造り、梱包費は官費で負担する。

○慰問袋用の布地は衣料切符外で求められるよう取り計らう。

○銃後には、金目や物資よりも、「細かい心遣い」があり、「内地の香り高く」「慰問袋の全部にまごころを満たすよう送り主の創意工夫に満ち」、一方「前線への輸送を考慮して軽量で、効果のあるもの」

等々の指導を行っている。

慰問団、恤兵金の使途にも触れている。

○多額の費用を投じて、直接恤兵部より芸能慰問団を派遣するなど、日夜、懸命の努力をしている。

○国民の赤誠の結晶である献金にしても、兵寮の設備費、航空兵寮費、船舶基地兵寮費など、有効に利用している。

昭和一八年四月には、国民の英雄、連合艦隊司令長官・山本五十六《やまもといそろく》大将の戦死、五月アッツ島の守備部隊・山崎保代《やまさきやすよ》中将以下二五〇〇名の兵士の玉砕、日本列島に次々と衝撃が駆け抜けた。

山本五十六の死後、反米英運動が高まり、「元帥の敵討ち」が国民の合言葉になった。一億の民の声を受け、恤兵部は「山本元帥につづけ」「アッツ島勇士に応えよ」と「撃ちてし止まん」の戦意が一段と高揚すると共にその熱情は恤兵献金にも著しく表れていると言い続ける。

昭和一八年一〇月には、明治神宮外苑に七万人が集合し、出陣学徒壮行会が挙行されている。また、同月、軍需会社法が公布され、民間六三八社を軍需会社に指定し、国家管理下に置く等、無謀な動員が進んでいる。

恤兵関連でいえば、正月を戦地で過ごす兵士に送ろうと、少国民文化協会では、子供たちから慰問帳や慰問文集を募集し、一一月までに八万冊が集まった。なかには点字の作品も含まれた多数の激励文は前線にいる兵士や陸海軍の病院に届けられた。

いかなる状況にあろうと国民と戦地をつなぐ立ち位置にある恤兵部は、「一億国民の団結強固」を強調しながら、誌面の最後に訴える。

「(国民は) あくまでも米英を撃滅せざれば止まずの敵愾心《てきがいしん》に燃えているのでありますとの(略) 各位にはかくの如き銃後の熱意を十分承知せられ自重自愛益々奉公の精神を発揮せられんことを乞う次第である」と。

## 終戦間際の慰問団

『陣中倶樂部』に連載の「恤兵日誌」には毎月、慰問団の派遣状況が報告されているのだが、終戦近くの慰問団の行方がどうなったか、気になる。

昭和一八年三月の「恤兵日誌」によれば、九日間、一〇回にわたって戦地慰問を行ったとの記載があり、「陸軍恤兵部派遣ノ皇軍演芸慰問団」(六回)「関東軍恤兵部派遣ノ皇軍演芸慰問団」（一回）「恩賜財団軍人援護会主催ノ皇軍演芸慰問団」（二回）「銃後奉公会主催ノ皇軍演芸慰問団」（一回）「静岡管内七市共同主催ノ皇軍演芸慰問団」（一回）と、圧倒的に陸軍恤兵部派遣の慰問団の回数が多い。各慰問団の人数は七〜九名、期間は約二か月、派遣先は満州、北支、中支である。

『陣中倶樂部』が創刊された頃は、地方からの慰問団派遣も多く、戦地も郷土の慰問団で賑わったが、昭和一八年末〜一九年頃から恤兵部主催の派遣団がこれを上回った。相次ぐ応召により農村は深刻な人手不足となり、食料危機に陥っている。郷土から慰問団を派遣したくとも、それどころではない悲惨な状況下にあったことが減少の理由だろう。

一方、海軍の慰問雑誌『戦線文庫』の「海軍恤兵日誌」によれば、昭和一八年一月には一〇日東京市慰問団の一行が南方に向け、前線海軍勇士慰問に出発し、二八日には讀賣報知新聞恤兵慰問隊一行が歌手の藤山一郎《ふじやまいちろう》、浪曲の早川燕平《はやかわえんぺい》を看板に、同時期の陸軍の慰問団派遣に比べると少ないものの、多数出かけている。しかし派遣先は依然秘せられている。

また、国外慰問の件数は減るものの、白衣の勇士を慰問する一団はますます活発化し、二九日には大日本婦人会慰問団が霞ケ浦海軍病院を訪問し、歌謡曲の藤原亮子《ふじわらりょうこ》や浪曲師

が得意の喉を振るわせて兵士を喜ばせている。(『戰線文庫』第五四号　昭和一八年四月一日)

三月になると、中華煙草株式会社派遣の慰問団が帰国、団員は浪曲の廣澤虎造《ひろさわとらぞう》、落語の柳家権太楼《やなぎやごんたろう》、講談の宝井馬琴《たからいばきん》、歌手の赤坂小梅など「賑やかな顔ぶれ」で、「前線のヤンヤの喝采《かっさい》をお土産に元気な顔をみせました」とある。

一方、増加する一方の病将兵への慰問は、明るい話題が枯渇《こかつ》していた新聞に格好の話題を提供した。

例えば、二月には、讀賣報知新聞が横須賀、野比《のび》、霞ケ浦の各病院の白衣勇士一〇〇名を相撲に招待している。国技の相撲の観戦は傷痍軍人たちも大喜びとあって、同月、美術奉公会も国技館で相撲慰問の催しを行っている。

この年は年末まで、宝塚劇場所属の東宝慰問舞踊隊、新橋芸妓組合、松竹株式会社派遣演芸慰問団など女性たちの演芸による海軍病院慰問が続く。芸能人の献金も衰えることなく、四月には、大衆演劇コンクールに入選した大江美智子《おおえみちこ》、キングレコードの歌手・岡晴夫《おかはるお》が海軍省恤兵係へ賞金を全額献納している。

誌面から初期の華やかさは消えてしまったものの、慰問雑誌は、銃後の健闘ぶりを漏らすまいと、兵士読者に伝えているのである。

『戰線文庫』は第七七号（昭和二〇年三月一日）を最後に、姿を消すが、この号にも「海軍恤兵日誌」が一頁で掲載されている。恤兵部が発した恤兵の報告はこれが最終となる。陸軍の『陣中倶樂部』はすでに前年一一月、発行がストップしている。『陣中倶樂部』の最終号では、「恤兵日誌」の連載は消え、代わって「大東亜戦争日誌」が表紙裏に掲載されている。

『戰線文庫』のほうは、最終号の「海軍恤兵日誌」を開くと、国内、国外慰問団派遣のニュースは一件もなく、すべて恤兵金、国防献金の献納の様子、つまり、恤兵部の売り物である国民の赤誠談のみが綴られている。

一例として、これまで、組織力で恤兵を支えてきた大日本婦人会の佐賀県主婦会会員の献金逸話を紹介する。

五日　前線における玉砕、兵器の欠乏、食料の不足等は銃後の私たちの責任でございます。及ばずながらも、私共一同今日迄農産の一端に加えさせていただきまして得ましたわずかなお金でございますが、五百円を飛行機の一部へでもお加え下さいますれば会員一同この上もなき喜びでございます。

また、同会玉川班会員は火薬綿の売り上げ九六五円六七銭となったので、「飛行機を作ってください」と国防献金を届けた。主婦と飛行機、本来なら全く不似合いな取り合わせが、戦争中は違和感なく受け入れられていた。

子供たちからの献金も描写されている。荒川区の子供ラッパ隊は、神風特攻隊の勇ましさを聞いて感激、

「国民学校を卒業した時は、全員航空隊に志願する心算です。このわずかのお金は私ども隊員が自発的に神風特攻隊に続く覚悟を固めて集めたものです。どうぞ恤兵金の一部にもお加えください」

と、恤兵部へ送ってきた。

一方、最終の「海軍恤兵日誌」で最も目を引くのは、日本でいえば、首相に当たる、中華民国国民政府行政院院長からの皇軍将兵慰問の献金五万円であった。

# 第七章　終戦と恤兵部

## 防衛研究所の資料から読み解く恤兵部

戦火が広がっていくなか、恤兵部についてあれほど報道していた新聞の記事がピタッと止まる。『朝日新聞』では、昭和一九年一二月一三日の「恤兵部、九段へ」が最後である。陸軍恤兵部は市谷から麴町区九段二丁目にある白百合《しらゆり》高等女学校を接収し、移転したのである。その後、戦後にかけても恤兵部の記事は皆無となる。『讀賣新聞』においても昭和一九年九月二〇日が最後で、恤兵部の記事は途絶えている。

昭和一九年一一月二四日、一一一機のB29が中島飛行機武蔵製作所を、次いで、小編隊が江戸川、荏原《えばら》、品川を爆撃した。被害も死傷者は五五〇人、戦災家屋三三二戸と甚大《じんだい》なものだっ

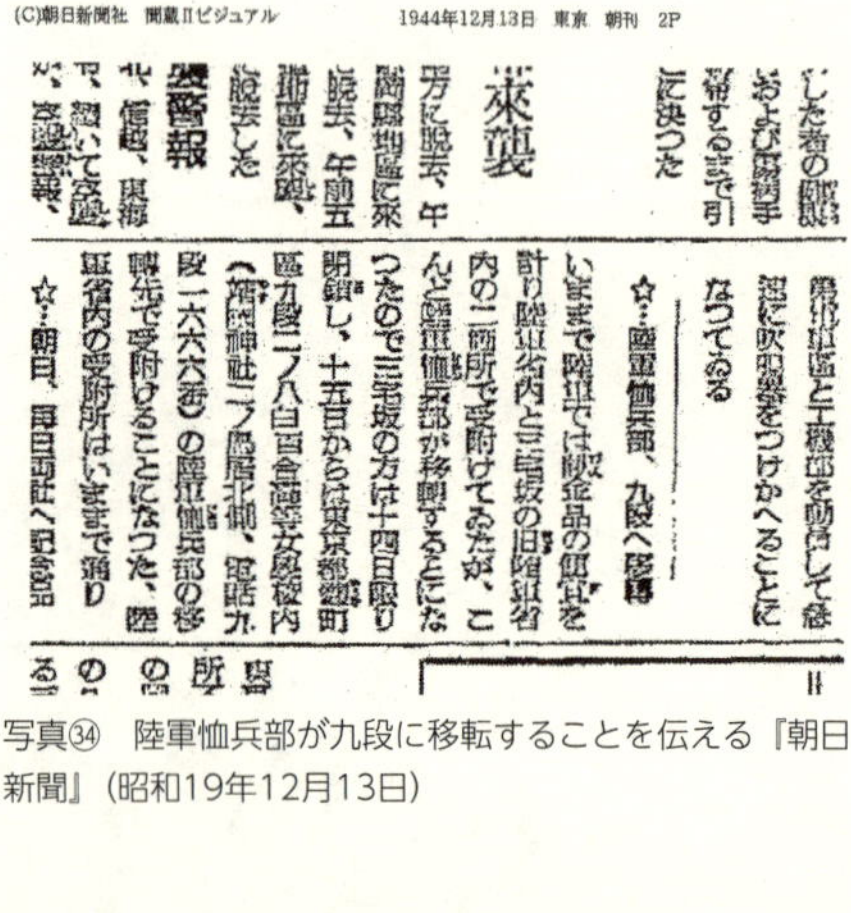
(C)朝日新聞社　聞蔵IIビジュアル　1944年12月13日　東京　朝刊　2P

☆…陸軍恤兵部、九段へ移転

いままで陸軍では献金品の受付を陸軍省内と三宅坂の旧陸軍省内の二箇所で受附けてゐたが、こんど陸軍恤兵部が移転することになつたので三宅坂の方は十四日限り閉鎖し、十五日からは東京都麴町区九段二ノ八白百合高等女学校内（靖国神社二ノ鳥居北側、電話九段一六六六番）の陸軍恤兵部の移転先で受附けることになつた、陸軍省内の受附所はいままで通り

写真㉞　陸軍恤兵部が九段に移転することを伝える『朝日新聞』（昭和19年12月13日）

た。東京への空襲は、国民にいままで遠い外地で行われていた戦いが、自分たちの生活圏までも脅かし始めていることをいやというほど、悟らせた。銃後が明日をも知れない命の危機に直面するなか、戦地に思いをはせる余裕などあるはずがない。現実に、恤兵金、慰問袋の輸送も困難になっていた。そのなかで、恤兵の報道が止むのも当然の成り行きであろう。

防衛省防衛研究所の資料に「陸軍恤兵部について　援護局」という手書きの文書がある。いつ頃まとめられたものかは記載がないが、昭和二一年度のことも書かれているので、戦後の早い時期だったと推測される。これは、新聞にも取り上げられていない恤兵金の戦後処理について記録された大変貴重な資料である。

ところどころ文章を直した跡のある、読みづらいものだが、解読してみると、国民から集められた恤兵金は昭和二一年六月二九日、連合軍最高司令部より使用禁止の指令を受けた。しかし、その後、大蔵省が連合軍最高司令部に懇願し、一部の使用が許可されたという記述が発見できる。本章ではこの「陸軍恤兵部について」を引用しながら、戦後の恤兵部、恤兵金、慰問袋の流れを追ってみる。

終戦前の状況

一、昭和十二年九月十一日陸軍省告示第三十八号を以て陸軍恤兵部を設置せられ恩賞課長が恤兵監を兼ねたり

業務の概要

二、開設以来戦局の拡大に伴って恤兵業務も逐次増大し、献納金品も各種団体、会社、学校、工場等から盛んに行われたので、前線の慰恤次いで後方慰恤に使用した。昭和十九年に至るや戦局逐次苛烈となり、恤兵品の要求も相当大であったが、製造追送等が困難になったのと現地自活態勢に即応するため、一部の恤兵金を公布し、物品の追送は中止した。

三、昭和二十年以降に於いては戦況の激変により前方慰恤は全く停止に近く専ら国内の防衛部隊の慰恤に重点を指向せるも空襲激化の為（之も）十分には出来なかった。

昭和二十年五月二十四日、麹町区九段二丁目白百合高等女学校校内において空襲を受け、大部分の書籍及び現物を焼失し、業務遂行停止状態において終戦となる。

四、献納恤兵金品の状況

献納恤兵金の総額は一億五千七百六十三万円九千円でその件数は約百九十八万九千余件である。

その年度別受入金額は戦災の為、書類焼失の為、不明であるが左記のとおりである。

昭和二十年度　　二百六十八万三千三百六十六円九十六銭（一万四千七百八十六件）

昭和二十一年度　　七万三千八十七円五十五銭（一九二件）

註　昭和二十一年度のものは終戦前の献納で遅延して到着せるものである。

恤兵品は終戦当時までに受理した件数は七十三万一千余件で品目は慰問袋、清酒、煙草等であった。

五、恤兵金品の使用状況

恤兵金の状況

事変以来終戦までの受理金高　一億五千七百六十三万九千円

〃　　使用済額　一億一千九百四十一万五千円

差引残額（保有金）　三千八百二十二万四千円

A　後方慰恤に使用せるもの

後方慰恤用として三千四百八十六万五千円を使用した。
その詳細は左記の通りである。

| 名称 | 使用金高 | 摘要 |
|---|---|---|
| 戦病没者遺族弔慰金 | 一五八〇万円 | 一基ニツキ三十円 |
| 靖国神社合祀に於ける滞京旅ヒ | 二四〇万円 | 一家族ニツキ十五円 |
| 入院患者慰安施設費補助 | 二一五万円 | 一名一日ニツキ一銭三厘 |
| 退院時見舞金 | 一九五万円 | 一名五円 |
| 御下賜繃帯入容器代 | 八万円五千円 | 一個五十銭 |
| 羅災見舞金 | 一一二〇万円 | 一回十円 |
| 初盒（引用者注：原文ママ）香花料 | 二五万円 | 一基一円 |
| 傷痍軍人家族見舞金 | 一五万円 | 下士官、兵入院中、家族見舞ノ為ノ旅費トシテ |
| 凱旋将兵祝賀会費補助 | 四八万円 | 一名一回五十銭 |
| 戦傷奉公杖 | 四〇万円 | 戦傷患者再起奉公の為 |
| 合計 | 三四八六万円五千円 | |

B　前方慰恤に使用せるもの

前方慰恤として八千四百七十三万五千円を使用した

| 名称 | 金高 | 摘要 |
|---|---|---|
| 書籍及雑誌代 | 八三八万円五千円 | 陣中倶樂部、月刊雑誌、単行本其他 |
| 運動及娯楽楽器具代 | 一八五〇万円 | 映写機、蓄音機、碁石、将棋具等 |
| 其他一般慰問品代 | 一六二五万円 | 手帖、絵葉書、扇子、草花種子、日用品等 |
| 慰問団派遣費 | 二一〇万円 | |
| 新設部隊慰安施設補助費 | 五〇万円 | 一隊五百円 |
| 兵寮強化費 | 一六〇〇万円 | 戦地主要都市 |
| 関東軍現地調弁恤兵品代 | 一八〇〇万円 | |
| 支那及び南方軍現地調弁 | 五〇〇万円 | |
| 恤兵品代 | | |
| 合計 | 八四七三万五千円 | |

恤兵品の状況

事変以来の恤兵品の受理及使用状況

慰問袋　三千百九十二万袋

清酒　四百五十石

煙草　七万八千百八十個

其ノ他　一千九百五十一万余点

大部分は戦地に追送し、一部は内地入院中の戦傷患者及要地防衛部隊に交付支給した。

付表

二、終戦時保有恤兵品の処分状況

| 品目 | 数量 | 摘要 |
|---|---|---|
| 絵葉書 | 四三〇〇枚 | 是等恤兵品は内地復員部隊に交付せり。交付残品（レコード、従軍手帳、写真、絵葉書、書籍、陣中倶樂部、将棋具、碁具、庭球具）その他破損品はおのおの業者に払下げ、其の額十九万円余を恤兵金に組入る |
| 冊子 | 四一八五冊 | |
| 書籍 | 五六〇冊 | |
| 蓄音機 | 八九台 | |
| レコード | 五八、七五〇枚 | |
| 釣り具 | 二〇、〇〇〇組 | |
| 尺八 | 二五、〇〇〇本 | |
| 手帳 | 二八、五〇〇冊 | |
| 単行本 | 一、五〇〇冊 | |
| 碁具 | 四、七七八組 | |
| 将棋具 | 五〇四組 | |
| 陣中倶樂部 | 一七六、七三五冊 | |

| | | |
|---|---|---|
| 林檎汁 | 一、三八七本 | |
| 短笛 | 三五〇本 | |
| 恤兵扇子 | 九、八八九本 | |
| 霞網 | 九、八八九張 | |
| ラジオ受信機 | 一八台 | |
| 鉛筆 | 九五、〇〇〇本 | |
| 航空特殊葉書 | 一、〇八〇、二九〇枚 | |
| 額縁 | 八個 | |
| 庭球用ラケット | 四〇〇本 | |
| 野球用バット | 一、一五〇本 | |
| 贈呈用額縁 | 五、九〇二組 | |
| 衝球台 | 一組 | |
| ブラスバンド | 一〇組 | |
| ラジオ用真空管 | 一〇二、七三〇個 | |
| 蓄針 | 三、〇〇〇、〇〇〇本 | |
| 写真 | 四、五一〇枚 | |
| 鉢巻 | 三六筋 | |
| 御守札 | 三八〇、四〇体 | |

終戦後の状況

一、恤兵金

終戦後、恤兵金の使用については恤兵の意義を消失せるも、献納者の意義を忖度《そんたく》して傷痍者、遺族の慰恤並びに復員者の慰恤に使用する如く方針を決定処置された。

傷痍者遺族の慰恤は諸般の状況上当部に於いて実施するは不可能であったので左記援護団体に国民の赤誠より出でたる恤兵金なる旨を伝え、活用に善処されるよう依頼して左記の如く夫々寄附した。

恩賜財団軍人援護会本部　一、〇三二万円

大日本傷痍軍人会本部　五〇〇万円

財団法人育英会　一〇〇万円

日本赤十字社　五〇万円

合計　一千六百八十二万円

又、

上陸地に於ける慰恤　七五〇万円

国立病院入院患者慰恤　二〇〇万円

其の他の慰恤　四六〇万円

合計　一千四百十万円

総計三千九十二万円を以て逐次新情勢に応じて慰恤を実施したが、終戦後のこととて十分な活動は出来なかった。

昭和二十一年六月二十九日連合軍最高司令部より恤兵金使用禁止の指令を受けた。指令受領時までに於ける使用金額、及び残額は前記の通りであるが、終戦後に送金受領せるもの、物品払下品代等を含めて約四百万円の受け入れがあったので中央として保有していた残額は千百二十六万余円であった。

二、指令受領後の状況

恤兵金用禁止の指令を受領するや早速各地方世話部、各復員連絡局に通知して保有恤兵金を回収し、昭和二十一年末を以て整理一段落せるを以て、昭和二十二年一月二十四日大蔵省歳入歳出外現金出納官吏に引継を完了したその金額は左記の通りである

中央の部　九百二十八万八百七十円十三銭

地方の部　千三十七万七千五百四十五円五十一銭
合計　千九百六十五万八千四百十五円六十四銭
但し、地方の分一六九万円は直接納入せるため、整理に若干時日を要せり

三、一部使用認可せられた後の状況

恤兵金使用禁止指令当時、債権確定し、支払いの要件が成立した金額は中央で五百十三万円　地方で二十四万円であったので大蔵省を通じて連合軍に要求したところ中央三百八万円、地方二十四万円余に減額、認可せられた。

此の中、中央では記章代百五十八万円、外地抑留者慰恤品、国立病院慰恤金として百五十万円を使用した。

残存慰恤品は書籍、娯楽器具等であったが、極力外地残留部隊宛送付するに努めるとともに一●（引用者注：判読不明）を上海北支局国立病院に送って（略）患者等の慰恤に充てたが、物価高騰の為め、製造納入が少なく、且つ、手持ち現品もなくなったので、昭和二十二年六月以降は全然外地向送付は出来なくなった。

これが為、（略）外地に対する慰恤は当部としては各種援護機関に依頼してその続行

を希望したが、十分なる活動も出来ない状況であるのは、未復員者に対して気の毒に堪えない。

資料の記述を整理して流れを追ってみると、昭和一二年、恤兵部の開設以来戦局の拡大に伴って業務は逐次増大し、献納金品も各種団体、会社学校、工場等から盛んに行われたので、前線の慰恤次いで後方慰恤に使用した。

しかし、昭和二〇年以降、戦況の激変により前方慰恤は全く停止に近く、国内の防衛部隊においては慰恤に重点を置いたが、空襲激化のためにこれも十分にはできなかった。昭和二〇年五月二四日、麹町区九段二丁目白百合高等女学校校内において空襲を受け、大部分の書籍及び現物を焼失し、業務遂行停止状態で終戦となる。

献納恤兵金の総額は一億五七六三万九〇〇〇円で、いまのお金でいうと約一七〇〇億円から約四七〇〇億円くらいになるであろうか（物により物価の上昇率が異なるため、幅がある）。連合軍に使用禁止の指令を受けたものの昭和二一年末、整理が一段落し、昭和二二年一月二四日大蔵省歳入歳出外現金出納官吏に引き継ぎ完了。と、簡略化すれば、このような流れで、恤兵部は日清戦争から続いた、五二年の歴史に幕を閉じた。

## 国会で取り上げられた恤兵金品

戦後は全く新聞には掲載がない恤兵部、恤兵金品だが、国会で議論の的となっていた時期がある。終戦から二年後、昭和二二年一〇月七日から開催された第一回の国会の予算委員会では、恤兵金のことが取り上げられている。予算補正の財源に関する審議のなかで不足している財源の一部として、連合軍最高司令部から返還された恤兵金を充てることが述べられている。この委員会は政府職員に一時手当を支給するにあたり、特別会計で七億三二〇〇余万円を捻出するものであった。予算委員会の委員長の櫻内辰郎《さくらうちたつろう》が、予算委員会による審議の経過と結果を報告した。

櫻内辰郎君　只今議題となりました昭和二十二年度一般会計予算補正（第四号）案及び昭和二十二年度特別会計予算補正（特第一号）案の予算委員会における審議の経過並びに結果を御報告いたします。（略）

先ず一般会計予算について申上げますと、その歳出において追加を要する額は、国会、裁判所、その他政府機関の職員に対する一時手当支給に要する経費二億五千二百二十九万三千円、警察及び義務教育関係職員に対して要する経費九千三百二十万円、地方公共団体における国庫補助職員に対して要する経費九百九十八万円、厚生保険特別会計所属職員に対する一時手当の財源の一部を一般会計において負担するに要する経費二百三十三万七千円、合計三億五千七百八十一万円でありまして、これが財源といたしましては、本年七月の価格改訂に伴う刑務所作業収入の増加見込額四千四百五十八万六千円、家畜並びに有価証券等の払下による収入見込額五千六百四十七万円、旧陸海軍恤兵金等の勘定整理に伴う雑収入五千二百七十六万円、（※傍線は引用者による）宝籤《たからくじ》の発行増加による納入金増加見込額二億円、前年度剰余金受入三百九十九万四千円、合計三億五千七百八十一万円を充当するものであります。

旧陸海軍恤兵金等の勘定整理に伴う雑収入五二七六万円を補正予算の財源の一部にするといっている。この後、国会では恤兵金のことは全く取り上げられていないので、ここですべての恤兵金を使い切ったといってもいいだろう。しかし、ひとつだけ疑問が残る。

援護局の記録によると、昭和二二年一月二四日大蔵省歳入歳出外現金出納官吏《かんり》に引き継ぎを完了したその金額は陸軍のみのもので、一九六五万八四一五円六四銭となっている。

海軍恤兵部の残金が不明であるが、国会では、旧陸海軍恤兵金等の勘定に伴う雑収入は五二七六万円と、なぜか金額が倍以上に増えているのだ。海軍の恤兵金を加えても、残金が多すぎるのではないだろうか。その後、昭和二二年一一月一八日の予算委員会第一分科会では、平井大蔵事務次官がこう述べている。

陸海軍から引継ぎがありました国防献金、恤兵金、学術技芸奨励金といったようなもので、その後大蔵省の会計課に引継ぎになりまして、その中には債券等もありましたので、処分して一般会計に受入れることになっておったのでありますが、昭和二十二年度の補正第四号に五千二百七十六万円、雑収入の雑入の中に計上して大体完了したわけであります。その内訳は恤兵金が五千二百三十五万九千円、国防献金が二十五万五千円、学術技芸奨励金が十四万五千円であります。

債券を処分したといっても金額が大幅に増えているのが気になるが、現時点ではその相違に関しては追及できないし、これ以上の言及は筆者の範囲を超える。とにかく恤兵金残金は、昭和二二年度の補正予算に使われていたことになる。

また、昭和二八年二月二三日の国会行政監察特別委員会では、恤兵品として国民が提供した貴金属類について、取り上げられている。昭和二六年五月に連合軍最高司令部よりダイヤモンドなどの貴金属を返還されたのだが、その一部を大蔵省が交易営団に無償で渡したことに関するやりとりである。交易営団とは、昭和一六年に交易営団法の元に設立された営団で、戦時中の貿易を管理統制していたところだ。阪田泰二《さかたたいじ》証人は大蔵省の管財局長だ。

阪田証人　（略）二十六年の五月二日でありますが、そのときに、大体数量で行きますと、三千六百五十八個ということになっておりますが、それだけの貴石類の返還があつたわけでございます。それで、これの返還につきましては、その後に管理を移すという話がありましたものと違いまして、先方の連合軍側からの話は、これは戦時中に民間から海軍に献納された恤兵品である、旧所有者も判明しておるから、また旧所有者別に整理してあるから、これを旧所有者に返還してもらいたい、こういうことで返って来たものであります。

（略）

ただいま申し上げました三千六百五十八個、このうち、お話のように、最近一部、二百七十一個という数量でありますが、これを交易営団に返還いたしておりますが、その他の分につきましては、これは政府の税関とか、通商省その他から接収されたものである、こういうことでありましたので、これはそのまま大蔵省において保管いたしております。

（略）

中野（四）委員　おかしいじゃないですか。恤兵品を処置する道が違うじゃありませんか。恤兵品を処理するにはまた別な道があるはずです。にもかかわらず、交易営団のものということを認定せしめた。かりにあなたの言葉をそのまま伺うことにしまして、三千六百五十八個のうち、あえて交易営団のものだと認定せしめる根拠はどこにあつたか。

（略）

阪田証人　ただいまの御指摘の点でありますが、非常にごもっともだと思うのです。（略）この処理はやや十分な手続、調査もしないで、ことに全体の接収貴金属処理の方針がきまらない先にこういう処置をやったのは、少し処置が早まったのではないか、こういうふうに考えておりますので、近い将来に是正の措置をとつて、元へもどさせる、こういう措置をとるつもりであります。

昭和三二年五月一六日に行われた国会の大蔵委員会では、大蔵省管財局長の正示啓次郎《しょうじけいじろう》が、

「恤兵品として貴石類を交易営団等から一応接収をいたしたものを、占領軍は返還をして参っておるのでありますが、これを交易営団に返還をするような手続きを進めておりましたところ、これは不当であるということで、さっそくその返還を取りやめまして、目下保管貴金属等の中に入れまして、他の接収貴金属等と同じく保管をしておる」

と答えており、恤兵品であった貴金属類は大蔵省の元に戻ったことになる。

組織としての恤兵部に関しては、防衛研究所の資料では、終戦と同時に解体したとしか書かれていない。恤兵部の内部資料にしても、爆撃を受け、多くが焼失してしまったとある。だが、これは表向きのことで、多くの戦時資料がそうであったように、為政者の立場にあった者たちが、自らの戦争責任の追及や糾弾を恐れて、証拠隠滅を図ったとも考えら

れるだろう。しかし、現段階では、防衛研究所の資料が残されたすべてである。さらなる資料の発掘、追究が必要である。今後の課題としたい。

一方、国民が熱い思いで献納した恤兵金品は、この国会の委員会で述べられたように、大蔵省に保管され、一応の終結を見た。その後、恤兵に関わることは、国会で取り上げられることもなく、メディアに登場することもなく、現在に至っている。

結果的に恤兵部は戦時を生きた多くの人々の記憶から消えた。いや、むしろ恤兵部に押しかけたあの熱気を忌まわしい過去として捉える人々によって抹殺されたのかもしれない。

# 第八章　証言　恤兵で戦地に行った私

本書で最後のまとめとするのは、恤兵部の招聘《しょうへい》により、戦地慰問に赴いた芸能界の重鎮、内海桂子《うつみけいこ》さん、中村メイコさんの証言である。恤兵という言葉さえ死語となっている今日、おふたりから生々しい戦地での恤兵体験を伺うことができるとは、奇跡に近い。

真実の重みは何物にも代えがたく、強い。ぜひ、おふたりの証言に耳を傾けていただきたいと思う。

## 内海桂子さんと恤兵（慰問）

漫才や漫談を中心にした演芸館である浅草の「東洋館」。昭和二六年に浅草フランス座として開業したこの演芸館は、渥美清《あつみきよし》、長門勇《ながといさむ》、由利徹《ゆりとおる》、東八郎《あずまはちろう》、ビートたけしなど芸達者な人気者を輩出した演芸館として知られている。いまは、「いろもの」と呼ばれる漫才、漫談が中心になっている。その東洋館のポスターにひと際大きく紹介されているのが、漫才界の重鎮、漫才協会の名誉会長も務める、ご存じ、内海桂子さんである。九六歳になるいまもお元気で舞台に立ち、観客を抱腹絶倒させている。内海桂子さんもまた、恤兵部の依頼によって戦地慰問に駆り出されて行ったひとりだ。恤兵部の慰問について、貴重な体験談を伺いたく、早速、ご自宅にお邪魔した。

## 漫才の世界に飛び込むまで

――うちの母親は数え年二一歳のときに私を産みました。祖父は大きな床屋を経営していましたが昔の床屋はいまとは違って街の若い衆のたまり場になっていて、夜中の一時二時までそこで集まってはいろんな勝負事をやっていたそうです。そのなかのひとりが私の父です。地元でもよく知られた遊び人だったので、ふたりの関係を知った祖父からカンカンに怒られ、母親はついに勘当されてしまいます。

　若いふたりは千葉県銚子《ちょうし》にある父方の祖父の家まで駆け落ちし、そこで桂子さんは生まれた。しかし、いつの間にか、堅気《かたぎ》の生活になじめない父親は出奔《しゅっぽん》し、以来、母ひとり娘ひとりの生活を送らなければならなかった。女所帯の生活は貧しく、桂子さんも小学校は三年までで早くから働き始めた。

写真㉟　『戰線文庫』を手にする内海桂子さん

桂子さんが芸能界デビューをしたのは一四歳のとき。ちょっとした縁で、漫才師や女《おんな》道楽《どうらく》（三味線や太鼓を使って行う演芸）、奇術などの芸人が所属する「隆の家興業」の地方巡業に参加したのがきっかけだった。芸能の水はことのほか、桂子さんになじみ、徐々に仕事の幅を広げていった。

——一五歳のときに漫才師の高砂家《たかさごや》とし松が家にやってきて、私に漫才の相方になってくれないかと言うんです。高砂家とし松は、巡業を紹介してくれた人です。何でも相方の奥さんが妊娠してしまい、舞台に立てなくなってしまったといいます。

思いもかけなかった、突然の申し出だったが、これが、漫才の世界に飛び込むきっかけになった。

## あの子はお嬢さんだからと、特別扱いだった慰問

桂子さんは、昭和一八年四月、恤兵部の依頼ではじめて戦地の慰問に出かけた。そのとき、二〇歳だった桂子さんには、妻子のいる高砂家とし松との間に二歳の子供がいた。

それにしても、母を追い求めるまだ幼い子を置いて、なぜ、弾が飛び交う戦地慰問に行く決心がついたのだろう。後ろ髪を引かれなかったか。

――そりゃ、子供のことを考えると、胸が張り裂ける思いですよ。近所の人がうちの母親に「小さな子供がいるのに、どうして危険な戦場に若い娘をやるんだ」と言ったら、「男だったら兵隊に行くだろう、お国のために芸人が戦場に行くのは当たり前」とけんもほろろに突っぱねたというんです。そういう親だったんです。すると、義理の父さんが「俺が見ていてあげるから安心して行っておいで」と言ってくれたんです。それで、行くことにしたんですよ。

桂子さんは屈託なく笑って答えるが、実際は一家の稼ぎ頭となっていた娘に生活を頼らざるを得ない家庭の事情もあったのだろう。母親の三番目の夫、つまり桂子さんの義父は給料も安く、母親も日々の生活に窮していた。桂子さんが戦地慰問に頻繁に出かけた最大の理由は、一家の暮らしを支えるためという経済面が大きかったことが挙げられるだろう。戦地に限らず、国内の慰問も厭《いと》わず精力的にこなし、全国で行かないところはなかったほどだった。

当時の芸人は警視庁から遊芸鑑札《ゆうげいかんさつ》の交付を受けなければ、正式な芸人とは認められず仕事ができなかった。桂子さんも昭和一七年に三枡家好子《みますやよしこ》の芸名で交付を受けている。

昭和一七年といえば、国内ではいよいよ食料が枯渇し、慰問の出演料は米や野菜の現物支給ということもあった。当時、庶民は配給物資だけで、闇で食料を買うことが禁じられていたため、腕に食べ物を抱えて歩いていると、しばしば警察の検問を受けることがあった。そんなとき、遊芸鑑札を見せるだけで警察は黙ってしまったという。

――陸軍に慰問に行くと、いろんなものがもらえるんです。当時はみんな食べるものがなくて困っていましたけど、うちは食べ物に窮したということは全くなかったですね。

飽食の現代では耳を疑うことだが、慰問のもたらす最大のメリットは、食料確保だったらしい。

昭和一八年時、恤兵部から派遣された慰問で訪れた場所は、満州をはじめ海拉爾《ハイラル》、扎蘭屯《ジャラントン》、免渡可《メントカ》である。それらの日本陸軍の駐屯地を約二か月にわたって慰問した。満州以外は、現在のモンゴル自治区にある場所である。漫才師の身分で行くことになるのだが、相方は漫才師・山形一郎である。山形とコンビを組ん

写真㊱　昭和18年、満州へ。どこへ行っても人気者だった。前列右側

だのは、慰問に行く直前に山形が相方と喧嘩《けんか》をし、急遽《きゅうきょ》コンビ解消、三味線ができる桂子さんに白羽の矢が立ったのだ。桂子さんはどんな唐突なことも抵抗なく受け入れた。

現地では慰問団はどこでも歓迎一色で、特別な待遇を受けた。常に兵隊が一緒に付いてきてくれて、安全に行動することもできた。もちろん、戦闘地域だったので、危険は潜んでいた。先輩芸人の漫才師、花園愛子が匪賊に襲撃されてからは、一層、注意するよう呼びかけられた。

――食べ物も特別なものだったですよ。演芸が終わると必ず宴会が開かれたのですが、内地は食べるもののない時代にとても豪華な食事でした。一般の兵隊さんは食べられない士官クラスのものが毎回出ましたよ。

二回目の外地慰問は昭和一九年の二月～三月。華北省の北支にある北関東軍への慰問である。写真㊲を見

写真㊲　昭和19年、北支へ慰問に。緊張気味の桂子師匠。前列右

ると、極寒の地のため、慰問団員の完全装備のいでたちが厳しい慰問行を物語る。北支慰問で一緒にコンビを組んでいた相方は、のちに「亭主となる」林家染芳《はやしやそめよし》である。

慰問団は、筑前琵琶奏者である田中旭嶺《たなかきょくれい》を団長に桂子さんを含めた漫才師二組、踊り手三人という構成。写真㊱の桂子さんは正面を見据えて、口をきゅっと結び、身を固くしている。ご自身の屈託のない言葉とは裏腹に、日本から遠く離れた戦地で、それもいかめしい軍人のなかに入って、緊張を強いられる毎日でもあったのだろう。

――当時の私は漫才だけではなく、三味線や踊りもやっていました。踊りの時間になると、三人の踊子さんに交じって四人で踊りましたし、浪曲などほかの芸人さんが演じるときには、後ろで三味線を弾いたりしていました。舞台では出番が多すぎて忙しくてしょうがないという感じでしたね。

何役も如才《じょさい》なくこなす、貴重な存在で、重宝がられたという。

北支では、錦県《きんけん》、張家口《ちょうかこう》、万里の長城、ソウゼンレイなどの舞台を回った。やはりここも危険地帯で、前に、慰問団が凍った川を軍用トラックで走っているとエンストを起こし、動かなくなったところを敵に襲撃されるという事件が起こったばかりだった。また、仲の良かった兵士の部屋を覗くと、一本の線香が立っていたという日もあった。常に危険と隣り合わせだったわけである。

北京から万里の長城にも行った。現地では兵士にどんな演目を披露したかと尋ねると、「三味線を奏でながら兵隊さんが喜ぶような唄」を歌っていたという。当時、日本国内では軍が選定した軍歌が流れていたが、現地では戦意高揚の歌は一切歌わなかった。

「師匠、一曲お聞かせください」と、お願いすると、渋い喉で「兵隊の愛唱歌」を披露してくださった。

万里の長城でしょんべんすればヨー
ゴビの砂漠に虹が立つヨー

俺が死んだら三途の川でヨー
鬼を集めて相撲を取るヨー

桂子さんの声帯を通すと、歌は何とも言えない哀調を帯び、胸が締め付けられた。元唄は都都逸、それを兵士が歌詞を変えて歌っていたのだろうか。本書の初めに紹介した「雪の進軍」とどこか通じる、死を覚悟した者たちの持つ諦観が感じられた。誰だって戦争は嫌なのだ。誰だって、生きて国に、家族の元へ帰りたかったのである。

万里の長城を前に、兵士と共に歌った桂子さんも、そのとき、複雑な感情が胸に去来したに違いない。だが、誰も本音は口が裂けても言えない。そんな時代だった。

北支の慰問から帰ってくると、農村の慰問が増えてきていた。当時は、軍関係の慰問は恤兵部、農村の慰問は大政翼賛会が仕切っていた。この点を桂子さんは強調する。恤兵部か、大政翼賛会か、慰問のテリトリーはしっかり分けられていたのだろう。桂子さんは主に農協を通じて慰問の依頼を受け、荷をほどく間もなく、地方に出かけていった。農村の慰問では、染芳と一緒に新たに農村向けのネタを必死に考えて、笑いを誘った。農村の慰問は長期にわたることも多く、二〇日くらい家を空けることもざらだった。軍事工場の慰問では、「あなたたちのお陰で私たちが安心して働けるの。頑張ってね」と懸命に声をかけた。

その後、桂子さんは恤兵部より南方の慰問を打診される。

「絶対に行っちゃだめだよ」

いつもは、戦地慰問を拒まない母親が強く反対し、桂子さんはほっと胸をなでおろした。娘の命の危機を感じた、母親のひと言。それがよほど嬉しかったのだろう。桂子さんは何度もこのことを口に出した。

南方は激戦が続き戦死者の数が積み上げられ、すでに、国内でも敗戦の色合いが濃くなっている時代である。さらに東京大空襲の影響が加わり、辞退しやすかったこともある。恤兵部派遣の慰問の数も激減している状況にあった。

桂子さんは終戦も慰問地で迎えた。水戸の学校に駐屯していた軍隊に慰問に行った時、現地の兵隊から戦争の終結を告げられた。玉音放送はちょうど移動中だったため、直には聞いていない。

――水戸から東京に帰ってくると、何だか街が明るくなっていたような気がしましたね。それまでは窓が明るいと空襲に遭うからと、覆いをかぶって電気を点けて本を読んでいたのですが、その覆いをかぶる必要がないと素直に喜びました。とにかくもう空襲がないというだけで解放感がありました。

敗戦にしても、ショックだったということをよく聞くが、みんな生活をすることに一生懸命で、立ち上がって、明日を生きるのに必死だったと振り返る。

芸人として恤兵部の慰問に、積極的に参加をしてきた内海桂子さん。その口からは最後まで戦争に対しての恨み言、ましてや、恤兵部を批判するような言葉は全く出なかった。印象深かったのは、兵士に対する仲間意識、もっといえば、友情のようなものが言葉の端々に感じられたことだ。

桂子さんにとって戦場の慰問は、家族を抱え子供を抱えたひとりの女性の、生きていくための、自らの力で生活費を稼ぐための、もうひとつの戦いであった。

慰問に駆り出された多くの芸能人、文化人たちが口に出したくとも、出せなかった胸の底を桂子さんは、筆者にためらうことなく、知らせてくれた。

恤兵部の慰問活動を知る人は、現在ほとんどいないだけに、経験した人だけしか語れない、魂のこもったお話を伺うことができた。

## 中村メイコさんと恤兵（慰問）

二歳八か月の時、東宝映画『江戸っ子健ちゃん』（昭和一二年）でデビューした中村メイコさん。登場するや、愛くるしさと、ものおじしない堂々とした演技で、天才子役の名をほしいままにした。原作は昭和一一年一月から始まった横山隆一の四コマ漫画で、主役の健ちゃんは、榎本健一《えのもとけんいち》（通称・エノケン）の長男・榎本鋘一《えのもとえいいち》、メイコさんは、隣に住むフクちゃんの役を演じている。

　メイコさんが映画に出るきっかけになったのは、ユーモア作家、劇作家の肩書を持つ父中村正常《なかむらまさつね》氏（以下敬称略）と一緒に雑誌のグラビアに載ったことだった。これが偶然にも子役を探していた映画のプロデューサーの眼に止まり、早速、銀幕に起用が決まった。

　以来、多くの映画、ラジオ、舞台、テレビに出演。八五歳のいまも、八面六臂《はちめんろっぴ》の活躍は、初代マルチタレントの名にふさわしい。その
メイコさんが、何と小学生のときに恤兵部の依頼で南方での戦地慰問を体験していた。恤兵部が少女アイドルまでも、慰問という名で戦争に動員していたという事実に驚き、幼い目から見た慰問の思い出を伺いたいと思った。

　幸運にも願いが実り、平成二九年、所属されているホリプロでお会いすることになった。

　メイコさんの口から最初に洩れたのは、「父は

写真㊳　『戦線文庫』を手にする中村メイコさん

根っからの平和主義者で戦争大反対者であった」ということ。だから、「この国がやっていることは間違っている。戦争だからといって人を殺してもいいというのは間違っている」と常にメイコさんに聞かせていたということだった。

――警察からもいつも睨《にら》まれていて、家のベランダの下には黒い服を着ている人がちょろちょろしているのをよく見かけました。ママにあの人たちはだれ？　と聞くと「警察の人じゃない。きっと何かを探っているのよ」と悪びれもせずに答えていました。

メイコさんが小学校一年生になったとき、小学校は国民学校と名前を変え、軍国教育一色に塗りつぶされてしまった。根っからのリベラリストだった父親は、愛する娘が学校に行って、洗脳されるのをとても嫌がり、こんなことを口にした。

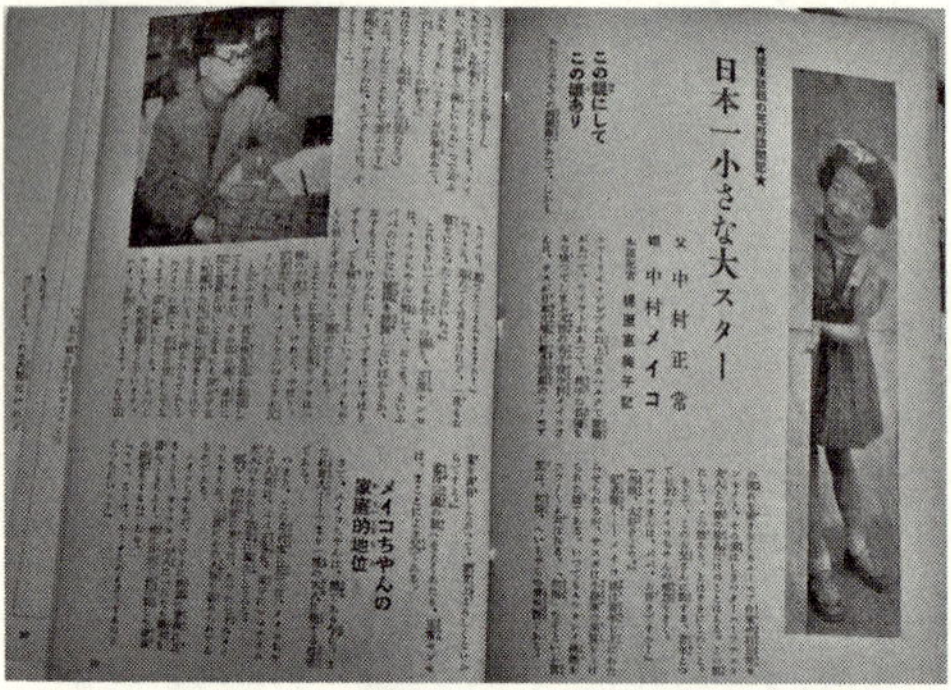


写真㊴　『戦線文庫　銃後読物』第33号のなかでは「日本一小さな大スター」というタイトルで、父の中村正常と一緒に登場している

「君は運よく仕事を持っているのだから、今日も行けません。明日も行けませんと言って学校はなるべく休みなさい」と。

メイコさんいわく、「パパは変わった人でした」。そして、パパとの忘れられないエピソードを披露してくださった。小学生のとき、授業の一環として毎日日記を書かされていたメイコさん。ある日の授業はずっと芋掘りで、家では「今日も芋掘りでやんなっちゃう」と泣き言をつぶやいていた。一方、学校に提出する絵日記には「今日も私は戦地で働いている兵隊さんたちの気持ちを思い、一生懸命掘りました。銃後を守る、うれしい汗でした」と書いた。

「なんだ、この嘘っぱちの日記は」

日記を見た父親から鋭い言葉が飛んできた。それからは、父のアイデアで、学校に出す日記と父親用に正直に書く日記のふたつをいつも用意し、メイコさんは本当の気持ちを包み隠さず書いた。

とにかく軍国教育を無理強いする学校に行かせたくなかった父親は、自身でメイコさんに勉強を教えるようになった。戦後になっても、中学校に通うことを許さず、家を寺子屋のようにし、娘に独自の教育を行った。

ここで、メイコさんのユニークなお父様、中村正常について、プロフィールを簡単にお話ししよう。中村は若い頃、劇作家の岸田國士に師事し、昭和四年に雑誌『改造』に応募した戯曲が当選したことから、一躍、劇作家として、頭角を現した。昭和六年には新宿に誕生をした軽演劇とレビューの劇団「ムーラン・ルージュ」に座付き作家のひとりとして参加し、以後、知的で、ウイットに富んだ笑いを次々と世に送り出した。

順風満帆《じゅんぷうまんぱん》な作家人生だったが、昭和一六年、真珠湾攻撃が始まった頃には、断筆を決意する。戦況とともに文壇は戦争賛美一辺倒になり、検閲も厳しくなっていた。中村は当時の風潮に反発し、以来、ほとんど作品を残していない。筆を折ってからは早稲田大学の近くで喫茶店を経営し、学生と議論を戦わすことを楽しみにしていた。だが、彼の周囲に集まってきた文学青年たちも学徒出陣でひとり、またひとりと戦地に消えていった。

父の代わりに生活を支えたのがバイタリティの塊のような母親だった。

――元女優だった母は才知がある人で、あるときは喫茶店経営、あるときはご近所の衣服の仕立物、新聞記者のまねごと、バーのレジと八面六臂の活躍ぶり。とにかくエネルギッシュにあの時代を駆け抜けていた人でした。

そんな中村夫妻にとって、突然、愛娘《まなむすめ》に戦地慰問の話が舞い込んできたのだから、さぞやびっくりしたことだろう。

**「お嬢さんを貸してください」。恤兵監は言った**

慰問の依頼は恤兵部から直接自宅に入った。担当の恤兵監は、父を前に「戦場の兵士から内地で大活躍しているスターのメイコちゃんに会いたいという要望が大変多いのです。ぜひ、慰問にお嬢さんを貸してはくださらないか」と頭を下げて、懇願した。

当時、メイコさんはまだ、小学校三年生か、四年生。戦争に反対を貫いていた父親は、メイコさんが危険な戦地に行くことにずいぶん悩んだという。

――学徒出陣で駆り出された特攻隊へ慰問をとのことでした。考え抜いた末、父は昨日まで大学生だった兵士が戦闘機に乗って命を投げ出すという現実に勝てなかったんでしょうね。メイコを無事内地に帰してくれるならいいでしょうと渋々承諾しました。

幼かった私は何もわからず、初めての飛行機に乗れるのに興味があって、ワクワクしながら出かけてしまいました。

戦地慰問にはメイコさんがまだ小学生ということで母親が同行することになった。

――戦地には戦闘機で行ったのですが、多分、汽車で鹿児島県の知覧《ちらん》まで行ってそこから出発したと思います。戦闘機のなかはがらんどうのカプセル状態で座席もなく、すぐ横には爆弾も積んでありました。私は軍服を着ている兵隊さんに興味津々でずっとその顔を見ていました。期間は一回一週間程度だったと思います。行き先は全然知らされず、目的地に近づくと「目隠しをしてください」と言われたので、当時はどこに着いたか全くわかりませんでしたね。

果たして、慰問先が明確にどこだったのかは、小学生では皆目、見当がつかなかったのは当然である。後で周囲に聞いたところ、玉砕寸前の硫黄島《いおうとう》やサイパンあたりではないかという。

「そう、そこに違いない」

メイコさんはいまでもそう思い続けている。海軍基地があるトラック島にも行ったらしいがやはり、場所になると曖昧《あいまい》な記憶しかない。以前、旅で、サイパンに行ったときに、島の人がメイコさんの可愛いブロマイドを大事そうに持ってきて、「(メイコさんが)慰問に来ました」と言っていたことがあるが、無理もない、小さな女の子が目隠しをされて、連れていかれたのである。上海には潜水艦に乗って行った記憶が頭の片隅に残っている。

お茶目なメイコさんは、以来、

「私が初めて乗った飛行機は戦闘機、初めて乗った船は潜水艦です」

と、答えて、周囲を笑いの渦に巻き込んでいる。

確かに、場所はうろ覚えだが、反対に、慰問で出会った兵士たちについては鮮明に覚えている。忘れたくとも忘れられない、鮮烈な記憶である。戦地で出会った彼らは、皆、昨日まで大学に通っていた、学徒出陣の大学生たちだ。知的な風貌《ふうぼう》のインテリばかりだった。特攻で飛び立つ日が近いというのに、岩波文庫のリルケやハイネの詩集を片時も離さなかった姿が幼い目に焼き付いている。

――私の顔を見ると、みんな「待っていたよ」と言ってくれました。自分たちはもう、おいしいものも結構、お色気も結構、子供に会いたい。「僕たちはこの国の子供たちの礎《いしずえ》になると覚悟を決めたので、未来を託す子供に会いたい」と口癖のように言っていたようです。そのことが、自分の死に対する一番の説得力にもなると思ったんでしょうね。

恤兵部が兵士に何が欲しいかを尋ねると、「子供を連れてきてほしい、子供を抱きしめたい」という声が圧倒的だったという。

――私はその代表だったんだろうと思うんです。

メイコさんは顔を上げて、こう言った。

――私を抱きしめてくれた、お兄さんたちの何ともきれいに澄んだ目が、あれから何十年たったいまでも、忘れられないんです。

そして、続ける。

――私はひとりっ子なんです。父がよく言っていたのが、この危ない時代に子供はひとりでたくさんだって。親は子供をひとり守るだけで精いっぱいの怖い世の中になる。だからうちはもう子供を作らんと。このことを特攻隊のお兄さんたちに話すと、みんなしばらく神妙な顔をしていましたね。

そのとき、彼らの心のスクリーンに映ったのは、故郷の父、母の姿だったのだろうか。それとも、小さな弟、妹のことだったのだろうか。

## みかん箱のステージでパパの歌を歌う

戦地では舞台というものはなく、みかん箱がひとつあって、メイコさんはその上にちょこんと乗って「特攻隊のお兄さんたち」の前で、二、三曲、歌った。

出発前、恤兵部からの歌の注文は、お決まりの軍歌だったが、それを聞いた父は一瞬にして、顔を曇らせた。

「メイコが変な唄を歌わされたら大変だ」

こうも言った。

「愛国行進曲の『見よ東海の空あけて、旭日高く輝けば』って君はわかるか」

メイコさんは首をかしげて、「わからない」と答えた。それからのふたりの会話はこの親子ならではの深いものだ。

「じゃあ君は何を歌いたいんだ」。父が畳みかけてきた。

「この前、エノケンのおじちゃまと歌った『ダイナ』にするわ」

「あれはいま、戦っているアメリカの唄だからだめだろう。君は小さいけれど女優だ。意味がわからないものを暗記して歌っても人の感情を揺り動かすことはできない」

父はいきなりペンを取り出すと、

「じゃあ僕が作ってあげる」

そして、考え抜きながら自らの手で詞を書いてくれた。メイコさんは早速、その詞を通っていた市谷国民学校の音楽の先生に持っていき、曲を付けてもらった。詞も曲も、天才少女メイコさんは三〇分くらいで覚え、自分のものにしてしまったという。

「私、八三歳（注：インタビュー当時）になったいまでも忘れないで、覚えているのよ」と、笑って、若々しい、張りのある声で歌ってくださった。

お庭の桜が咲きました
遠い戦地のお兄さん
赤い花びらふたつみつ
日本の春を送ります

寝ないで作ったこの人形
兄さんお手柄立てた時
坊やと思って抱き上げて
一緒にバンザイ頼みます

――これが、戦争反対論者の父親が精いっぱいの力を振り絞って書いた歌です。
戦地慰問のときにメイコさんの心に最も引っかかったのは彼らが言った「行きます」と

いう言葉だった。それは特攻隊の兵士が飛び立つときの挨拶だが、「行ってきます」とは絶対に言ってはいけない。一度、飛んでいけば、戻ることはない、覚悟と別れの「行きます」なのだ。メイコさんはなんて哀しい言葉だと、ずっと耳から離れないでいた。

## 終戦、そしてＧＨＱの慰問へ

――母はたくさんの兵隊さんから「内地に帰ったら、この手紙をポストに入れてください」と手紙を渡されました。許嫁《いいなずけ》の人かな、ご両親なのかなと言いながら、母は大事そうにポストに入れていました。これは私の人生のなかで忘れられない、最も強烈な出来事なんです。

昭和一九年、一家は、突然、親戚もいないのに、奈良に疎開をする。東京は空襲を受け、こんなところにメイコを住まわせたくないと、父が言ったのが理由だった。奈良を選んだのは、「アメリカは賢いから文化財がある場所は絶対に攻撃しない、日本中で一番奈良が安全だ」と、これも父の至言による。

終戦も奈良で迎えた。当時メイコさんは小学校五年生だった。

ところが、特攻隊の慰問から大してたたないのに、今度は進駐軍のキャンプから慰問の話が舞い込んできた。「どうしましょう」とうろたえる母に、父は「いいじゃないですか。片言の英語でも覚えてきなさい」とこともなげに言い放った。

日本一の少女スターメイコさんにはその後、座間、横浜、府中などの米軍キャンプから慰問が殺到した。小さい体に、母親が作ってくれた手作りのＧＩ（米軍兵士）の軍服を着て、英語で歌うと、割れんばかりの拍手と歓声が飛んだ。メイコさんより三歳若い美空ひばりもＧＨＱや進駐軍で歌い、人気者になっている。米軍キャンプでは子供の歌い手は引っ張りだこで、どこでももみくちゃにされるほどの歓迎ぶりだった。

米軍の兵士たちもそれぞれ母国に家族を残してきた身である。これは筆者の推測だが、メイコさん、彼らに抱き上げられると、特攻隊のお兄さんのぬくもりを一瞬、思い出すことがあったのかもしれない。

恤兵部慰問から進駐軍慰問へ、軍国日本から新生日本へ、メイコさんの慰問の思い出は、たぐいまれな才能を持った少女を語り部に、急速に変化を遂げた日本を再現するものだった。

本書のエピローグとして、恤兵部の依頼で戦地慰問に赴いた、おふたりの女性にインタビューした原稿を収録した。まさか、現在、恤兵部を語れる方がいらっしゃるとは思ってもいなかったが、内海桂子師匠、中村メイコさんにお会いし、資料や書籍では知り得なかった、恤兵部の一端を伺うことができた。おふたりとも、半世紀以上も前のことを鮮明に覚えていらっしゃることに驚きもした。それだけ、戦時中の記憶は鮮烈だったということだろう。

内海桂子師匠はいまでいうところのシングルマザーで、二歳のお子さんを母親に預け、慰問地に向かった。彼女の肩には実母と、義父と愛児の生活がのしかかっていた。

「だって、私が働かなきゃ、ダメだったんですよ。でも、お国のためですからね、（戦地に）行きましたよ。あっちは内地より食料が豊富だった。おいしいものが食べられたんですよ、（慰問は）生きるためだったんですよ」

桂子師匠は「お国のため」「生きるため」という言葉を何度か口に出した。

軍国主義に塗られた、総動員体制のなかで、桂子師匠のふたつの言葉は多くの国民が抱いていた気持ちだったのだろうと思う。だが、とくに筆者の胸にくい込んだのは「生きるために」という言葉だ。桂子師匠は説得力を持って、口に出した。理屈も大義名分もいらない、生きるための慰問、生きるための恤兵。一〇歳の桂子師匠にとってそれがすべてだった。

だが、終戦間際に慰問の声が再びかかったとき、母親が「行くな」と静かに言い放った。その話になると、桂子師匠の頰が緩んだ。「母が断ってくれたんですよ」

一家で生き抜くための慰問だったが、心の奥底では、危険地帯に行くことに恐れも、ためらいもあったのである。

メイコさんの場合は、桂子師匠と少し違った。軍国主義化していく日本に異を唱えていた父親は、悩みながらも、自作の歌を持たせて、特攻隊慰問に愛娘を送り出した。子供に会いたいという、戦地の兵士の声に、揺さぶられてのことだった。その陰には、恤兵部の熱心な説得もあったのだろう。

それにしても、メイコさんが行ったのは、(よく覚えてないにしても)玉砕寸前の硫黄島やサイパンだったらしい。むしろ、無傷で還れたのが不思議である。恤兵部は罪なことをしたものである。死に行く兵士たちへのはなむけだったのだろうか。それにしても、むごいことだ。

「ほかの慰問団と会いましたか」と伺うと、「いいえ、私たちだけでした」とメイコさんはかぶりを振った。そして、殺風景な広場に連れていかれ、少女がひとり、居並ぶ兵士を前に、みかん箱の上に立って、歌ったのだ。

彼女の目の前に拡がるのは、銃撃戦の跡も生々しい、焼けただれた大地。遠くの空には戦闘機がブンブン音をあげながら、旋回している。そんな、この世の地獄ともいえる風景を前に、少女は二度と会えない青年たちに向かって、精いっぱい声を張り上げたのだ。


メイコさんと別れた後、ふと考えた。メイコさんも桂子師匠とは違った意味で、愛する家族と共に生き抜くために慰問に出かけたのではなかっただろうかと。おふたりにとっての戦地慰問は、天皇陛下のためでも、お国のためでもない、父の、母の、子供のための慰問行だったのである。

一方、同時期、銃後では、若い女性たちが軍需工場で戦闘機や銃をつくるために動員されている。芸能を仕事としている桂子師匠、メイコさんの国家への「職域奉公」は命を賭しての戦地慰問だった。そして、その手配と実行をしたのが、陸海軍恤兵部ということは消し難い事実だ。だが、恤兵部もまた、背後の組織に動かされていた駒のひとつだったのであろう。

戦争は動き出すと止められない。その最大の犠牲になるのは、社会的に弱い立場の人間たちである。桂子さん、メイコさん、このおふたりの体験を、私たちは断じて、未来永《えい》劫《ごう》、無駄にしてはいけないと考える。

# おわりに

恤兵を研究テーマと定めてから、はや一〇年の年月が流れた。研究を進めながら、いつも大きな疑問が頭を占めていた。「本当に、戦争の世に、恤兵は存在していたのだろうか」という問いである。いまさら、何を言うかであるが、あれほどに、新聞紙上を賑わしてきた恤兵を知る人がどこを探してもいないことにいつも愕然としていた。同時に恤兵誌と呼ばれた慰問雑誌を読んだことがある人にも遭遇したことがなく、研究に向き合いながらも、どこか、漠としたものを抱え、仮想世界に迷い込んだような気持でいた。

もちろん、戦後七四年経過したいま、戦争体験者の多くは鬼籍に入られている。無理とはわかっていても、直に恤兵を、さらにいえば、恤兵部とかかわりを持った方に話を聞きたいと思っていた。その願いは第八章で紹介した内海桂子さん、中村メイコさんにお会いすることによってかなえられた。

さらに、おふたりとは違う立ち位置から、恤兵について証言した方を探し出すことができた。京都太秦《うずまさ》に住む男性（当時六六歳）は、京都のケーブルテレビ「みやびじょん」

で、女子中学生が差し出すマイクに向かってこう語った。

「戦争の思い出を話してください」。女子中学生の質問に答えてのものだ。

「かつて軍国少年だった自分を反省するものです」と言って、彼は二枚の感謝状を見せた。

「今次大東亜戦争ニ際シ出動軍隊慰問ノ為恤兵金ノ御寄附ヲ辱《かたじけの》ウシ感謝ニ堪ヘス茲《ここ》ニ深厚ナル謝意ヲ表ス
陸軍大臣　東條英機」

それには、戦後、連合軍による東京裁判でA級戦犯として起訴され、絞首刑になった元首相、東條英機の名前が書かれていた。

当時一〇歳だった彼は、貯金箱に貯めていた小遣いを持って、近所の警察に行き、二回寄附をした。「日本は戦争に負ける」。父の言った言葉に反発してのことだった。

「当時の自分を悔いてます」

マイクにむかって、多分、戦後ずっと引きずっていた気持ちを明かした。（『朝日新聞』平成九年一〇月二三日）

『陣中倶樂部』の最終号に当たる第一〇六号には、「赤誠あふるる恤兵献金」という、創刊号以来続いているページがある。銃後が献金に励む姿を紹介したものだが、このなかに東京都のある少年が新聞配達をしてもらった報酬を恤兵部に献金した「美談」が載っている。彼は言う。「国家危機の今日、通学できるのは、もったいないことです。直接戦力増強に役立つ職域に奉公して憎い米英を撃滅するために、産業戦士として、働く日の一日も早く来ることを願っています」と。

当時、「軍国少年」だった先の男性もこの少年と同じような思いで、恤兵部に向かったひとりだったのだろうか。

一か月前に発行された第一〇五号（昭和一九年一〇月一日）の同頁では、少年の母親に当たる年齢の女性が、サイパン島全員玉砕の報を耳にして、「戦局いよいよ凄烈《せいれつ》となって今こそ一億奮起せざるべからず時」と痛感し、矢も楯《たて》もたまらず、金五〇〇〇円を恤兵献金にと、恤兵部に申し出たとある。『陣中倶樂部』はこの時点では総頁数が一五四になり、創刊号より五〇近く減頁となっている。恤兵部の声を届けた「恤兵部だより」は消滅しているものの、「赤誠あふるる恤兵献金」は三頁を確保している。軍部が一縷《いちる》の望みを託したのは、銃後国民の愛国心だった、そのような結論はあまりに安易だろうと、思える。

そこで、最後に、ここまで洗い出した、恤兵部の実態を踏まえながら、戦争動員システムとしての恤兵について考えてみたいと思う。

戦時動員には大きく分ければ、「下から」の動員と「上から」の動員があったというのが、ここまで恤兵を考えてきた筆者がたどり着いた、ひとつの答えだ。「下から」は第一章の娼妓や車夫らを例にした民衆の自発的、主体的な戦争支援であり、「上から」は国家総動員法公布から、あらわになった強制的な動員（統制）体制である。

「国家総動員トハ戦時（戦争ニ準ズベキ事変ノ場合ヲ含ム以下之ニ同ジ）ニ際シ国防目的達成ノ為国ノ全力ヲ最モ有効ニ発揮セシムル様人的及物的資源ヲ統制運用スルヲ謂《イ》フ」
（国家総動員法第一条　昭和一三年）

この法の流れをくんで誕生した興亜奉公日は実施項目に「戦死者の墓参」と並んで、「前線に慰問文、慰問袋を送ること」を加えた。下からの動員が上からにすり替わった瞬間である。

一方、下からの動員にも、自発を促す仕掛けが働いていた。恤兵部が国民を動員する際に使ったのは、第一に低い目線設定である。ボーダーを低めにし、誰でも、つまり、貧者でも、子供でも、女学生でも、老人でも、大手を振って堂々と、献納に行けるようにした。献金のレジャー化といっていいだろうか。

第二は同調圧力を利用した動員である。「恤兵部は今日も恤兵金の洪水に見舞われた」。メディアによる軍の意向をくんだ偏向報道は、ピュアな国民の心を揺さぶり、我も我もと恤兵部に向かわせる起爆剤になった。

だが、まてよ、「貧者」「同調圧力」「メディアの偏向報道」……あの恤兵が動員システムとして、作動していた時代と、現代はよく似ていないだろうか。

戦時の動員システムを分析した日本女子大学教授成田龍一によれば、戦前戦中で形成された動員は敗戦で終わりを迎えたものではなく、高度経済成長期を含め、その時々の歴史エポックで表面上は装いを新たにしながら、一貫して維持され続けてきた政治システムだ、とある。(成田龍一『近現代日本史との対話　戦中・戦後―現在編』集英社新書　平成三一年)

システムにメディアの力が加わると、同調圧力が高まり、上からの強制に抵抗できなくなるのは、過去の戦争が嫌というほど教えてくれる。

恤兵という亡霊をいまの時代に蘇らせないために、我々は何をなすべきか、いや、何をなさざるべきか。

そのためには過去を直視し、そこに現れている事象、言説を自ら検証し、進むべき道を選び取るべきだと思う。本書がその一助になれば、嬉しい限りである。

「戦争の時代にこんな雑誌が存在していたのか。それにしても、恤兵ってなんだ?」

血判のような真紅の文字で『恤兵』と書かれた慰問雑誌。古色蒼然としたその小さな体《たい》躯《く》の雑誌を前に、なぜか、背筋が寒くなったのを覚えている。

私は長く雑誌の編集を仕事として生きてきた。その職業的な興味から、研究に取り組み始めたのだが、次第に慰問雑誌の中で蠢《うごめ》いているたくさんの人間たちに興味がわき、いつしか、恤兵の深い闇にはまり、抜けられなくなってしまった。

しかも、今回は本書まで書き、恤兵を初めて世に問うことになった。重責をひしひしと感じている。多くの方から忌《き》憚《たん》のないご意見、ご批判をいただければ幸いである。

令和元年六月
押田信子

【本文に記載以外の参考資料】


井上寿一『日中戦争　前線と銃後』講談社学術文庫　平成三〇年
内海桂子『転んだら起きればいいさ』主婦と生活社　平成元年
大濱徹也編『近代日本の歴史的位相―国家・民族・文化』刀水書房　平成一一年
大塚英志『大政翼賛会のメディアミックス「翼賛一家」と参加するファシズム』平凡社　平成三〇年
郡司淳『近代日本の国民動員―隣保相扶と地域統合』刀水書房　平成二一年
佐藤卓己『『キング』の時代―国民大衆雑誌の公共性』岩波書店　平成一四年
辻田真佐憲『日本の軍歌　国民的音楽の歴史』幻冬舎新書　平成二六年
中村メイコ『もう言っとかないと』集英社インターナショナル　平成三〇年
橋本健午　HP「心―こころ　橋本健午のページ『戦線文庫』研究」
藤井忠俊『国防婦人会―日の丸とカッポウ着』岩波新書　昭和六〇年
馬場マコト『従軍歌謡慰問団』白水社　平成二四年
桧山幸夫編著『近代日本の形成と日清戦争―戦争の社会史』雄山閣出版　平成一三年
毎日新聞社『別冊一億人の昭和史　日本の戦史別巻2　日本海軍史』昭和五四年
矢崎泰久『口きかん―わが心の菊池寛』飛鳥新社　平成一五年
吉田裕『日本軍兵士―アジア・太平洋戦争の現実』中公新書　平成二九年

押田信子『兵士のアイドル　幻の慰問雑誌に見るもうひとつの戦争』旬報社　平成二八年
押田信子「日本陸軍・海軍の慰問雑誌『陣中倶樂部』『戰線文庫』研究序説」『軍事史学』第五三巻第一号　平成二九年
押田信子「長谷川時雨と慰問雑誌『陣中倶楽部』輝ク部隊慰問文集を中心にして」『国際文化研究紀要』第一八号　平成二四年
防衛省防衛研究所資料「陸軍恤兵部について　援護局」

協力／旬報社、阿智村役場、県立神奈川近代文学館、岐阜県図書館、国立公文書館、横浜市立大学学術情報センター、朝日新聞社、読売新聞社、矢崎泰夫

押田信子（おしだ・のぶこ）

中央大学経済研究所客員研究員。出版社勤務を経てフリー編集者として活動。2008年、上智大学大学院文学研究科新聞学専攻修士課程修了、2014年、横浜市立大学大学院都市社会文化研究科博士課程単位取得退学。専門はメディア史、歴史社会学、大衆文化研究。著書に『兵士のアイドル』（旬報社）共著に『東アジアのクリエイティヴ産業　文化のポリティクス』（森話社）がある。

扶桑社新書 304

抹殺された日本軍恤兵部の正体

——この組織は何をし、なぜ忘れ去られたのか？

発行日　2019年7月1日　初版第1刷発行

著　　者………押田 信子

発 行 者………久保田 榮一

発 行 所………株式会社 扶桑社

〒105-8070
東京都港区芝浦 1-1-1 浜松町ビルディング
電話　03-6368-8870（編集）
　　　03-6368-8891（郵便室）
www.fusosha.co.jp

装　　丁………小栗山 雄司

ＤＴＰ制作………株式会社ＹＨＢ編集企画

印刷・製本………中央精版印刷株式会社


Printed in Japan　ISBN 978-4-594-08236-9